云南省教育厅科学研究基金项目“k-逗点码及其相关代数码的形式语言理论”（项目编号:2025J0581），云南省基础研究计划项目“DNA计算的分子设计编码问题研究”（项目编号:202501AT070444）

U0806862

代数码论基础

FOUNDATIONS OF ALGEBRAIC CODES THEORY

刘海艳 著

经济管理出版社
ECONOMY & MANAGEMENT PUBLISHING HOUSE

图书在版编目（CIP）数据

代数码论基础 / 刘海艳著. -- 北京 : 经济管理出版社，2024. -- ISBN 978-7-5243-0093-9

Ⅰ. O157.4

中国国家版本馆 CIP 数据核字第 2024KA9368 号

组稿编辑：白　毅
责任编辑：白　毅
责任印制：张莉琼
责任校对：蔡晓臻

出版发行：经济管理出版社
（北京市海淀区北蜂窝 8 号中雅大厦 A 座 11 层　100038）
网　　址：www. E-mp. com. cn
电　　话：（010）51915602
印　　刷：唐山玺诚印务有限公司
经　　销：新华书店
开　　本：720mm×1000mm/16
印　　张：11.25
字　　数：168 千字
版　　次：2025 年 4 月第 1 版　　2025 年 4 月第 1 次印刷
书　　号：ISBN 978-7-5243-0093-9
定　　价：98.00 元

· 版权所有　翻印必究 ·

凡购本社图书，如有印装错误，由本社发行部负责调换。
联系地址：北京市海淀区北蜂窝 8 号中雅大厦 11 层
电话：（010）68022974　　邮编：100038

前　言

1948 年,“信息论之父”C. E. Shannon 在 *A Mathematical Theory of Communication* 一文中证明了纠错码的存在性,其后 20 年内编码理论创立并获得快速发展. 随着当今社会信息化程度的不断提高,如何高效、便捷、安全地对各种信息进行传输、存储、转换已成为人们普遍面临的重要问题,而解决这些问题的关键在于如何有效地对信息进行编码. 在编码中,为了满足各种实际要求,人们往往需要编码中的信息载体(即本书所说的“码”)具有某些相应的代数组合性质. 《代数码论基础》主要研究满足这些特定代数组合性质的码的构造、计数、分类及相互关系等,该理论与字的组合、自动机理论、形式语言理论和半群理论密切相关.

20 世纪 50 年代,M. P. Schützenberger 将码与非交换代数联系起来,这是一个开创性的做法. 他提出,一个自由半群的子半群是自由的,当且仅当这个子半群的基是一个码. 代数码理论的研究遂之兴起,他提出的一系列猜想也促进了该理论的进一步发展. 码在信息处理、错误检测与纠正、数据压缩、密码学、信息传输等许多领域都起着至关重要的作用. 在实际的应用背景下,诸多学者提出了满足特定代数组合性质的码,例如,前缀码、后缀码、双缀码、内缀码、外缀码、纯码、Solid 码、超码、一致码等,并对其构造、分类、相互关系等进行了广泛深入研究．这些码类所生成的幺半群，无论是从信息理论角度来看还是从代数的角度来看都很重要．有关代数码的系统介绍可见 J. Berstel, D. Perrin 和 C. Reutenauer 编撰的 *Codes and automata*，石烽然编撰的 *Free monoids and languages*，G. Rozenbergand 等编撰的 *Handbook of formal languages* 中第一卷 *Words, languages, Grammers* 第八章 *Codes*（该章由 H. Jügensen 和 S. Konstantinidis 编写）.

1953 年，沃森和克里克发现了 DNA 的双螺旋结构．这一发现被称作是 20 世纪最伟大的科学成果之一，分子生物学时代随之开启，而分子生物学的不断发展也促使生物大分子的研究进入一个新的阶段，并使遗传研究深入分子层面，生命之谜逐渐被揭开，人们对于遗传信息的构成和传递途径也有了更为清楚的了解．

众所周知，合成的蛋白质种类取决于氨基酸的排列顺序，而氨基酸的排列顺序取决于脱氧核糖核苷酸（DNA 的基本单位）的排列顺序．一个脱氧核糖核苷酸分子由三个分子组成：一分子含氮碱基、一分子脱氧核糖、一分子磷酸．DNA 的含氮碱基又可分为四类：腺嘌呤（Adenine，缩写为 A）、胸腺嘧啶（Thymine，缩写为 T）、胞嘧啶（Cytosine，缩写为 C）和鸟嘌呤（Guanine，缩写为 G），所以通常说成有四种脱氧核糖核苷酸，分别记为 A、T、C、G. 那么四类脱氧核糖核苷酸怎样确定 20 种氨基酸？当时最合理的假设是，每个氨基酸都用一个含有三个字母的 DNA 序列编码，即用四元字母表 $\{A, C, G, T\}$ 上的三元序列编码，这引发了以下问题：在 DNA 字母表上有 $4^3 = 64$ 个可能的系列，其中哪些是氨基酸的编码？为什么？此时，H. C. Crick、J. S. Griffith 和 L. E. Orgel 提出了这样的假设：所有代表氨基酸的三元序列形成无逗点码，即任何一个序列都不是两个序列链接的子字的性质的集合．这一假设似乎得到了一个事实的支持，即只包含长度为 3 的四元字母表上的字的极大无逗点码的尺寸正好是 20.

然而，多年后人们发现，自然界并不总是遵循数学规律：由每个氨基酸确定的序列构成的语言不是无逗点码，甚至不是一般意义上的码，而且存在多个不同的序列(密码子)编码同一种氨基酸的情况．例如,UUG、CUU、CUG都编码亮氨酸,除了甲硫氨酸由AUG编码外,其他的氨基酸都由两个以上的密码子编码．更值得注意的是,编码氨基酸的密码子所构成的语言并不是无逗点码．

不管怎样,无逗点码都理所当然地进入了各国学者的视野．而且在信息学领域,无逗点码可以用于同步延迟为1的信息传输,也就是说,当接收到最后一个符号时,消息可以被完全解码．从代数码论的角度出发,国内外许多学者做了大量研究工作,比如,B. H. Jiggs等研究了无逗点码的内部结构;C. Y. Hesieh等讨论了逗点码和极大逗点码的组合性质;N. H. Lam证明了一个正则无逗点码包含在一个极大正则无逗点码中;M. Petrich和C. M. Reis分析了由一个无逗点码生成的半群所确定的句法幺半群的结构．进一步地,喻石生等推广了无逗点码的概念并提出了关联码;H. Jügensen等对关联码展开了进一步讨论．

生物学的最新研究进展表明,尽管遗传信息是用DNA(基因)编码的,但是编码片段通常会被非编码片段打断．因此,Kari等推广了无逗点码的概念,将非编码段定义为一个长度为k的字,提出了k-逗点码、k-逗点关联码和n-k-逗点关联码,研究了k-逗点码和k-逗点关联码的基本构造,描述了1-1-逗点关联码族,介绍了k-逗点码、k-逗点关联码、n-k-逗点关联码、内缀码和双缀码之间的关系．

本书共分为5章:第1章介绍代数码理论基本概念,包括半群、自由幺半群、本原字、代数码的运算．

第2章介绍自动机基本理论．第1节介绍自动机的定义和表达方式、可识别语言等概念,以及著名的Pumping引理．能被一个自动机识别的语言称为可识别语言．一个语言可以确定一个句法同余,如果其句法同余类的数目是有限的,那么该语言称为正则语言．第2节介绍语言的正则性和可识别性等价．如果一个语言可以通过某些有限语言进行并运算、乘积运算或星(＊)运算得到,那么称这个语言为有理语言．第3节介绍语言的可识别性和有理性等价,进而得到语言的正则性、可识别性和有理性等价.

第 3 章介绍 Solid 码和 d-码.20 世纪末,喻石生等为了刻画析取辖区而提出了 Solid 码.继而,H. Jürgensen 和喻石生给出了 Solid 码的等价刻画.然而,Solid 码在信息传输方面有着更早的历史和更重要的研究动机,可以追溯到 20 世纪 60 年代.早在 1964 年,V. I. Levenshtein 就已经将 Solid 码作为强正则码引入,并且又将其命名为无重叠码.更为直观地,Solid 码可用于信息传输,它可以正确地、唯一地、无延迟地恢复那些受噪声影响的部分.任意一个字在相同字母表上的 Solid 码上的因子表示是唯一的,所以 Solid 码在由相同字母表生成的自由半群里扮演着“基”的角色.因此,郭聿琦、蔡炎盛、岑嘉评、刘云等将 Solid 码的这一性质充分运用到语言的纯理论研究中,取得了一系列丰硕的成果,详见文献[70,79,80,82,104,122,132,134].本章第 1 节通过内缀码和无边字给出了 Solid 码的一些刻画,讨论了 Solid 码和极大 Solid 码的分解问题,并给出了一个有限 Solid 码在某个 Solid 码上分解的一种算法.第 2 节讨论 Solid 码的乘积运算,给出了 Solid 码族在乘积运算下保持封闭的一系列充要条件.第 3 节和第 4 节主要讨论 d-码,包括 d-码的刻画、代数性质以及保持 d-码的同态.

第 4 章是本书重点内容,主要介绍 k-逗点码和 k-逗点关联码.首先,介绍了 k-逗点码族和 k-逗点关联码族的一系列横向分层关系,以及不同指数的 k-逗点关联码族的纵向关系.其次,借助内缀码和双缀码分别刻画了 k-逗点码和 k-逗点关联码,具体来说,给出了一个内缀码成为 k-逗点码的一系列充要条件、一个双缀码成为 k-逗点关联码的等价条件、一个内缀码成为 k-逗点关联码的充要条件、一个指数为 $m+1$ 的 k-逗点关联码成为指数为 m 的 k-逗点关联码的几个等价条件.证明了任意一个真 k-逗点关联码都包含在一个极大真 k-逗点关联码中,任意一个真 k-逗点关联码都包含一个极小真 k-逗点关联码.再次,介绍了两个 k-逗点码和 k-逗点关联码在链接(也称乘积)运算下保持封闭的诸多条件,描述了保持 n-无逗点码、n-关联码、k-逗点码、n-k-逗点码、k-逗点码、k-

逗点关联码、n-k-逗点关联码及其相关码的同态,讨论了无逗点码和 k-逗点码的合成与分解,揭示了相关 k-逗点码的外部结构. 最后,从 k-逗点关联码的角度给出了双缀码族的一个纵向分类,对于一个给定的正则双缀码,它一定是某个 k-逗点关联码,并可进一步确定其指数,相当于给出了 k-逗点关联码性质关于正则语言的部分解答.

第 5 章介绍 n-k-逗点码和 n-k-逗点关联码. 首先,给出了两个语言的链接是 n-k-逗点码的条件,展示 n-k-逗点码的内部构造,借助内缀码刻画了 n-k-逗点码,证明了对任意一个有限 n-k-逗点码,可以找到一个无限语言使它们的乘积也是 n-k-逗点码,讨论了 k-逗点码、n-k-逗点码族、n-k-逗点关联码族以及不同指数的 n-k-逗点关联码族的纵向包含关系. 其次,利用非字母的无边字、本原有边字、本原根长度大于 1 的非本原字等概念描述了 1-1-逗点关联码族,继而揭示了 1-k-逗点关联码的内部结构,其中 $k \geqslant 2$. 最后,在全面描述 1-1-逗点关联码族的基础上,解决了 1-1-逗点关联码性质关于正则语言的确定性问题.

本书的撰写得到了云南财经大学发展规划处、云南财经大学统计与数学学院的大力支持,在此表示由衷的感谢;也向承担过文字打印和校对工作的硕士研究生崔荣冬、余顺勇、王鑫等同学致谢.

本书对代数码理论进行了尝试性的探讨,由于时间仓促,书中难免存在不足与错误之处,恳请各位读者批评指正!

刘海艳

云南财经大学

2024 年 9 月

目　录

第 1 章　代数码理论基本概念

1.1　半群(幺半群)

1.1.1　半群(幺半群)

二元组$(S,\cdot)$叫作一个半群,如果 S 是一非空子集且“·”是 S 上的一个满足结合律

$$(\forall a,b,c\in S)(a\cdot b)\cdot c=a\cdot(b\cdot c)$$

的二元运算．这个二元运算通常也称为半群 S 上的乘法运算．在不引起混淆时,我们也常常简称 S 为半群,将乘法 $a\cdot b$ 简记为 $ab,a,b\in S$.

令 S 为一半群．S 中的元素 1(0)称为 S 的幺元(零元),如果

$$(\forall s\in S)1s=s1=s,$$

$$(\forall s\in S)0s=s0=0.$$

易证,任意半群至多含有一个幺元(零元)．含有幺元(零元)的半群称为幺

半群(带零半群).

例如,所有正整数$\mathbb{N}$(非负整数$\mathbb{N}^0$)构成的集合在通常的加法下形成一个半群(幺半群),而$\mathbb{N}$($\mathbb{N}^0$)在通常的乘法下形成一个幺半群(带零半群).

令 $S=(S,\cdot)$ 为一半群. 我们可以按如下方式将 S 扩充为 $S^1=(S^1,*)$ ($S^0=(S^0,\circ)$):

$$S^1=\begin{cases} S & \text{如果 } S \text{ 有幺元} \\ S\cup\{1\} & \text{如果 } S \text{ 无幺元} \end{cases},$$

其中 $1\notin S$,且关于任意 $a,b\in S$,

$$a\times b=a\cdot b, 1\times a=a\times 1=a, 1\times 1=1,$$

$$S^0=\begin{cases} S & \text{如果 } S \text{ 有零元} \\ S\cup\{0\} & \text{如果 } S \text{ 无零元} \end{cases},$$

其中 $0\notin S$,且关于任意 $a,b\in S$,

$$a\circ b=a\cdot b, 0\circ a=a\circ 0=0, 0\circ 0=0.$$

如果 A 和 B 是半群 S 的两个子集,那么 $AB=\{ab \mid a\in A, b\in B\}$ 叫作 A 和 B 的乘积. 易证,S 的方幂集 2^S 在这个乘积运算下形成一个半群. 记

$$A^1=A, A^{n+1}=AA^n, A^{\leqslant n}=\bigcup_{i=1}^{n}A^i, A^{\geqslant n}=\bigcup_{i=n}^{\infty}A^i, n\geqslant 1.$$

若 S 是一个带幺元 1 的幺半群,则记 $A^0=\{1\}$. 关于任意 $A,B\in 2^S$,分别使用 $A^{-1}B$ 和 AB^{-1} 来表示集合

$$\{x\in S \mid (\exists\, a\in A)\, ax\in B\}$$

和集合

$$\{x\in S \mid (\exists\, b\in B)\, xb\in A\}.$$

此外,$\{a\}A, A\{a\}, \{a\}^{-1}A, A\{a\}^{-1}$ 分别简记为 $aA, Aa, a^{-1}A, Aa^{-1}$,其中 $a\in S$. 我们常常对单点集与其元素在记号上不加区分,这一点后文中也就不一一说明了.

1.1.2 关系与同态

设 X 是一个集合 . X 上的一个二元关系是指 $X\times X$ 的子集 . X 上的所有二元关系 $\mathcal{B}(X)$ 在关系的合成运算

$$\rho\circ\sigma=\{(x,y)\in X\times X \mid (\exists z\in X)(x,z)\in\rho,(z,y)\in\sigma\}$$

下形成一个幺半群 . $\iota_X=\{(x,x)\mid x\in X\}$ 是这个幺半群的单位元 . 对 $\rho\in\mathcal{B}(X)$，我们将 $(x,y)\in\rho$ 写成 $x\rho y$.

令 $\rho\in\mathcal{B}(X)$.

(1) $\mathrm{dom}(\rho)=\{x\in X\mid(\exists y\in X)(x,y)\in\rho\}$ 称为 ρ 的定义域 . 显然，$x\in\mathrm{dom}(\rho)$ 当且仅当 $x\rho=\{y\mid(x,y)\in\rho\}$ 非空 .

(2) $\mathrm{im}(\rho)=\{x\in X\mid(\exists y\in X)(y,x)\in\rho\}$ 称为 ρ 的像 .

(3) $\rho^{-1}=\{(x,y)\mid(y,x)\in\rho\}$ 称为 ρ 的逆关系 . 显然，

$$\mathrm{dom}(\rho^{-1})=\mathrm{im}(\rho),\mathrm{im}(\rho^{-1})=\mathrm{dom}(\rho).$$

(4) $\rho^1=\rho,\rho^{n+1}=\rho\circ\rho^n,n\geqslant1;\rho^\infty=\cup_{n=1}^{\infty}\rho^n$ 称为 ρ 的传递闭包 .

X 上的一个变换(偏变换)是指 $\varphi\in\mathcal{B}(X)$，且满足 $x\in X,x\varphi=1(x\varphi\leqslant1)$. 所有变换(偏变换)构成的集记为 $\mathrm{T}(X)(\mathrm{PT}(X))$. 显然，$\mathrm{T}(X)$ 是 $\mathrm{PT}(X)$ 的一个子幺半群，$\mathrm{PT}(X)$ 是 $\mathcal{B}(X)$ 的子幺半群 .

X 上的一个等价关系 ρ 是指 $\rho\in\mathcal{B}(X)$，且满足自反性(i. e. ，$\iota_X\subseteq\rho$)、对称性(i. e. ，$\rho^{-1}=\rho$)和传递性(i. e. ，$\rho^2\subseteq\rho$). X 上的所有等价关系构成的集记为 $\varepsilon(X)$.

X 上的一个分划 π 意味着 $\pi\subseteq2^X$，且满足以下三个条件：

(1) 对任意 $X'\in\pi,X'\neq\emptyset$.

(2) 对任意 $X',X''\in\pi,X'\cap X''\neq\emptyset\Rightarrow X'=X''$.

(3) $\cup_{X'\in\pi}X'=X$.

X 上的所有等价关系构成的集记为 $\Pi(X)$. 对 X 上的等价关系 ρ，商集 $X/\rho=\{x\rho\mid x\in X\}$ 形成 X 的一个分划 π_ρ. 称 $x\rho$ 为 X 的一个 ρ-类 . 显然，

$$\eta:\quad \varepsilon(X)\to\Pi(X)$$
$$\rho\mapsto\pi_\rho=\{x\rho\mid x\in X\}$$

是一个双射．记 $\eta^{-1}(\pi)=\rho_\pi$．因此，对任意 $\rho\in\varepsilon(X)$（$\pi\in\Pi(X)$），有 $\rho_{\pi_\rho}=\rho$（$\pi_{\rho_\pi}=\pi$）．ρ 渗透子集 X 的子集 L 意味着 L 是一些 ρ-类的并．

X 上的一个偏序 $\leqslant$ 是指满足自反性、反对称性（i. e. $\leqslant\cap\leqslant^{-1}\subseteq\iota_X$）和传递性（i. e. ,$\rho^2\subseteq\rho$）的一个二元关系．$X$ 上的一个全序 $\leqslant$ 是指 X 中任意两个元素都可比较，即对任意 $x,y\in X$，有 $x\leqslant y$ 或者 $y\leqslant x$．$x\in X$ 叫作 X 的极小元，如果对所有 $y\in X$，$y\leqslant x\Rightarrow y=x$；$x\in X$ 叫作 X 的最小元，如果对所有 $y\in X$，有 $x\leqslant y$；同理可以定义极大元、最大元．

称 X 上的一个全序为良序，如果 X 任意非空子集都有极小元．一个带有序（全序，良序）的集合称为序集（全序集，良序集）．序集 X 中的一个全序子集称为链．

半群 S 上的二元关系 ρ 称为左相容的（右相容的），若

$$(\forall a,b,c\in S)\text{"}a\rho b\Rightarrow ca\rho cb\text{"}$$
$$((\forall a,b,c\in S)\text{"}a\rho b\Rightarrow ac\rho bc\text{"}),$$

S 上的关系 ρ 称为相容的，如果

$$(\forall a,b,c,d\in S)\text{"}a\rho b,c\rho d\Rightarrow ac\rho bd\text{"},$$

半群 S 上的等价关系称为一个（左，右）同余，如果它是（左，右）相容的．易证，一个等价关系 ρ 是一个同余当且仅当它既是左同余也是右同余．

令 ρ 为半群 S 上一同余．则商集 S/ρ 在乘法

$$(\forall x,y\in S)x\rho\cdot y\rho=(xy)\rho$$

下形成一个半群．S/ρ 称为 S 关于 ρ 的商半群．

映射 $\varphi:S\to T$ 叫作 S 到 T 的半群（幺半群）同态，如果 φ 保持运算，即

$$\forall a,b\in S,\varphi(ab)=\varphi(a)\varphi(b)$$
$$(\varphi(ab)=\varphi(a)\varphi(b),\varphi(1_S)=1_T).$$

如果 φ 是单射(满射,双射),则称 φ 为单同态(满同态,同构).

设 ρ 是 S 上的同余,那么 $x\mapsto x\rho$ 是由 S 到 S/ρ 的满同态,称为由 ρ 诱导的自然同态,记为 $\rho^{\natural}$. 设 φ 是由 S 到 T 的同态. 那么

$$\{(x,y)\in S\times S \mid \varphi(x)=\varphi(y)\}$$

是 S 上的同余,称为 φ 的核,记为 $\ker\varphi$.

令 S 是一个半群,L 是 S 的一个子集,$x\in S$. x 关于 L 的上下文集定义为

$$\Gamma(x)=\{(u,v)\in S^1\times S^1 \mid uxv\in L\}.$$

L 的句法同余或者主同余是 S^1 上定义为

$$\sim_L=\{(x,y)\in S\times S \mid \Gamma(x)=\Gamma(y)\}$$

的一个等价关系. 显然,$\sim_L$ 是一个同余. 由 $\sim_L$ 确定的 S^1 的商半群称为 L 的句法幺半群,记为$\mathcal{M}(L)$. 如果 $|\mathcal{M}(L)|$ 是有限的,那么 L 称为正则的. 记 φ_L 为从 S^1 到$\mathcal{M}(L)$典范态射. 容易证明,$\sim_L$ 渗透 L,且是渗透 L 的最大同余.

定理 1.1.1[42]　令 ρ 是半群(幺半群)S 上的同余. 如果 $\varphi:S\to T$ 是一个同态且 $\rho\subseteq ker\varphi$. 那么存在唯一同态 $\psi:S/\rho\to T$ 使得 $im(\psi)=im(\varphi)$,且图 1-1 中关系可交换.

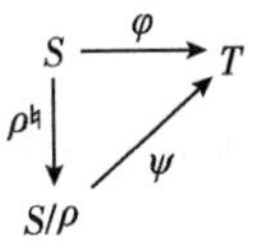

图 1-1　交换图

进一步地,ψ 是单的当且仅当 $\rho=ker\varphi$.

证明:定义 $\psi:S/\rho\to T$ 为

$$\psi(s\rho)=\varphi(s)\,(s\rho\in S/\rho). \tag{1.1}$$

那么 ψ 是良定义的,因为对任意 $s,s'\in S$,

$$s\rho = s'\rho \Leftrightarrow (s,s') \in \rho \Rightarrow (s,s') \in ker\varphi \Leftrightarrow s\varphi = s'\varphi.$$

易证 ψ 是一个同态,$\mathrm{im}(\psi)=\mathrm{im}(\varphi)$,$\rho^{\natural}\circ\psi=\varphi$. ψ 的唯一性是显然的,因为任意满足 $\rho^{\natural}\circ\psi=\varphi$ 的同态 ψ 必须按(1.1)定义.

ψ 是单的,当且仅当对任意 $s\rho, s'\rho \in S/\rho$,

$$\psi(s\rho)=\psi(s'\rho) \Rightarrow s\rho = s'\rho,$$

当且仅当对任意 $s,s' \in S$,

$$\varphi(s)=\varphi(s') \Rightarrow (s,s') \in \rho,$$

它等价于 $\rho \supseteq \ker\varphi$,因此 $\rho=\ker\varphi$.

□

1.2 自由幺半群

令 A 为一非空集合,称为字母表. 则

$$A^{+}=\{a_1a_2\cdots a_n \mid a_i \in A, i=1,2,\cdots,n, n\geqslant 1\}$$

在链接运算

$$(a_1a_2\cdots a_n)\cdot(b_1b_2\cdots b_m)=a_1a_2\cdots a_nb_1b_2\cdots b_m$$

下形成一个半群. $A^{+}=(A^{+},\cdot)$ 叫作由 A 生成的自由半群. $A^{*}=(A^{+})^{1}$ 是由 A 生成的自由幺半群. A 中的元素称为字母. A^{*} 中的元素和子集分别称为 A 上的字和语言. A^{*} 的幺元称为空字,记为 1. 我们使用 $|L|$ 来表示语言 L 的势,$|L|<\infty$ 和 $|L| \not< \infty$ 分别表示 L 为有限和可数无限语言,$lg(L)$ 表示语言 L 中的字的最小长度.

令 L_1, L_2, L 为 A 上的语言,$n\geqslant 1$. 记

$$L_1L_2=\{xy \mid x\in L_1, y\in L_2\},$$

$$L^n=\{x_1x_2\cdots x_n \mid x_i\in L, i=1,2,\cdots,n\},$$

$$L^{(n)}=\{x^n \mid x\in L\},$$

$$L_1^{-1}L_2=\{y\in A^* \mid (\exists x\in L_1)xy\in L_2\},$$

$$L_1L_2^{-1}=\{y\in A^* \mid (\exists x\in L_2)yx\in L_1\}.$$

令 $w\in A^*$. 用 $|w|$ 来表示字 w 的长度,即 A 中的字母在 w 中出现的次数,也用 w_a 来表示字母 a 在 w 中出现的次数. 于是, $|w|=\sum_{a\in A}w_a$. 出现在 w 中的所有字母组成的集合记为 $alph(w)$.

令 $X\subseteq A^+$. 记

$$alph(X)=\bigcup_{x\in X}alph(x).$$

令 $x,y\in A^*$. 称 x 为 y 的前缀,如果存在 $u\in A^*$ 使得 $y=xu$,记为 $x\leqslant_p y$. 进一步,若 $x\neq y$,则称 x 是 y 的真前缀;若 $1\leqslant |x|<|y|$,则称 x 是 y 的非平凡前缀. 对偶地,可以定义后缀、真后缀、非平凡后缀. 称 x 为 y 的内缀,如果存在 $u,v\in A^*$ 使得 $y=uxv$. 若 $x\neq y$,则称 x 是 y 的真内缀;若 $1\leqslant |x|<|y|$,则称 x 是 y 的非平凡内缀. 记 y 的所有前缀、后缀、内缀、真前缀、真后缀、真内缀、非平凡前缀、非平凡后缀分别为 $P(y)$、$S(y)$、$I(y)$、$P_p(y)$、$S_p(y)$、$I_p(y)$、$P_{nt}(y)$、$S_{nt}(y)$, $\overline{P}(y)=P(y)\setminus\{1\}$, $\overline{S}(y)=S(y)\setminus\{1\}$, $\overline{I}(y)=I(y)\setminus\{1\}$.

对于 A 上的一个语言 L,记

$$P(L)=\bigcup_{y\in L}P(y),$$

$$S(L)=\bigcup_{y\in L}S(y),$$

$$I(L)=\bigcup_{y\in L}I(y),$$

$$\overline{P}(L)=\bigcup_{y\in L}P(y)\setminus\{1\},$$

$$\overline{S}(L)=\bigcup_{y\in L}S(y)\setminus\{1\},$$

$$\overline{I}(L)=\bigcup_{y\in L}I(y)\setminus\{1\},$$

$$P_{nt}(L)=\bigcup_{y\in L}P_{nt}(y),$$

$$S_{nt}(L)=\bigcup_{y\in L}S_{nt}(y),$$

$$PS_{nt}(L)=P_{nt}(L)\cap S_{nt}(L).$$

令 $\emptyset\neq L\subseteq A^+$. 称 L 是无重叠的,如果 $PS_{nt}(L)=\emptyset$. 记 A 上所有的无重叠语言构成的集为 **OF**.

1.3 本原字

令 $x=a_1a_2\cdots a_n, a_i\in A, i=1,2,\cdots,n, n\geqslant 1$. 若存在 $1\leqslant p<n$ 使得

$$a_{i+p}=a_i,\quad i=1,2,\cdots,n-p,$$

那么 p 被称作 x 的周期. 例如,$ababa$ 有 2 和 4 这两个周期.

引理 1.3.1[91] 令 $x\in A^+$, p,q 都是 x 的周期,且 $q<p<|x|$. 如果 $u\leqslant_s x$, $v\leqslant_p x$ 且

$$|u|=|v|=|x|-q,$$

那么 u 和 v 都有周期 $p-q$.

证明:只需证明长度为 $|x|-q$ 的 x 的前缀都以 p 和 q 为周期. 对偶地,可以推出后缀的结论也是成立的.

由于 $|x|-q>p-q$,因此 $|x|-q-(p-q)=|x|-p$. 对任意的 i, $1\leqslant i\leqslant |x|-p$,有

$$1\leqslant i+(p-q)\leqslant |x|-q.$$

因此对任意的 $i=1,2,\cdots,|x|-p$,有

$$a_i=a_{i+p}=a_{i+p-q},$$

故 x 以 p 和 q 为周期. □

引理 1.3.2[91] 令 $x \in A^{+}$，q 为 x 的一个周期，$v \in I(x)$ 且 $|v| \geq q$. 如果 r 是 v 的一个周期，并且 $r \mid q$，那么 r 也是 x 的一个周期.

证明：令

$$x = a_1 a_2 \cdots a_n,$$

$$v = a_h a_{h+1} \cdots a_k,$$

其中 $1 \leq h < k \leq n$，$k-h+1 \geq q$. 那么对于任意的整数 i,j，存在 i',j'，$h \leq i',j' \leq k$ 使得

$$i \equiv i'(modq), j \equiv j'(modq),$$

由于 x 以 q 为周期，所以 $a_i = a_{i'}$，$a_j = a_{j'}$. 于是，对于任意 i,j，

$$i \equiv j(modr),$$

由于 $r \mid q$，所以 $i' \equiv j'(modr)$. 而 r 是 v 的周期，因此

$$a_i = a_{i'} = a_{j'} = a_j.$$

□

引理 1.3.3[26] 令 $x,y \in A^{+}$，$|x| = p$，$|y| = q$，$r = gcd(p,q)$. 则 x^m 和 y^n 有一个长度为 $p+q-r$ 的共同前缀当且仅当 x,y 是长度为 r 的同一字的方幂.

证明：充分性是显然的.

下证必要性. 只需要证明，如果一个长度为 $p+q-r$ 的字 w 有两个周期 p,q，且 $q \leq p$，那么 wx 有周期 r.

在下面的证明中将用到这样一个事实，即对正整数 p,q 且 $q<p$，有

$$gcd(p,q) = gcd(p-q,q).$$

下面对 $n=(p+q)/r$ 进行归纳. 对于 $n=2$，$p=q=r$，容易验证.

假设对所有小于 n 的整数结论成立. 现证结论对 n 成立. 令 $u \leq_p w$ 且 $|u| = q$，$w = uv$. 根据引理 1.3.1，v 有周期 $p-q$. 由于 v 是 w 的一个因子，所以 q 也是 v 的周期. 此外，

$$|v| = |w| - q \geq (p-q) + q - r = (p-q) + q - gcd(p-q,q).$$

根据归纳假设,v 也有周期 $gcd(p-q,q)=gcd(p,q)=r$. 由于 $p-q\geqslant r$,所以

$$|v|=|w|-q\geqslant(p-q)+q-r\geqslant q.$$

根据引理 1.3.2,w 也有周期 r.

□

推论 1.3.1[93,124] 若 $x^n=y^m,x,y\in A^*,n,m\geqslant 1$,则 x 和 y 是同一字的方幂.

字母表 A 上的一个非空字 w 称为本原字,如果它不是任何其他字的方幂,即

$$w=u^n,u\in A^+,n\geqslant 1\Rightarrow w=u,n=1.$$

记字母表 A 上的所有本原字为 $Q(A)$,或者简记为 Q. 记 $Q^{(n)}=\{q^n\mid q\in Q\}$, $n\geqslant 1$.

推论 1.3.2[91] 对任意 $w\in A^+$,存在唯一 $x\in Q$ 使得 $w\in x^+$.

证明:对 w 的长度进行归纳.

当 $|w|=1$ 时,结论显然成立.

假设 $|w|\leqslant n$ 结论成立. 令 $|w|=n+1$. 若 $w\in Q$,则结论成立;若 $w\notin Q$,则存在 $u\in A^+$使得 $w=u^m,m>1$. 而 $|u|<|w|$,故存在一个本原字 x 和一个整数 s 使得 $u=x^s$. 所以,

$$w=u^m=x^{ms}.$$

因此对任意 $w\in A^+$,存在唯一的一个本原字 x 使得 $w\in x^+$.

□

特别地,记

$$Q^{(0)}=\{1\}.$$

那么由推论 1.3.2,可得

$$A^*=\sqcup_{i=0}^{\infty}Q^{(i)},$$

其中⊔表示无交并.

对于任意 $w\in A^+$，我们称推论 1.3.2 中与 w 相关联的唯一本原字 x 为 w 的本原根，记为 $r(w)$.

对语言 L，记

$$r(L)=\{r(u)\mid u\in L\}.$$

字母表 A 上的两个字 x 和 y 被称作是共轭的，如果存在 $u,v\in A^*$，使得 $x=uv$，$y=vu$.

命题 1.3.1[91]　令 $uv=x^i$，$u,v\in A^*$，$x\in Q$，$i\geqslant 1$. 则存在 $y\in Q$，有 $vu=y^i$. 换言之，共轭字的本原根也是共轭的，本原字的所有共轭字都是本原的 .

证明：当 $i=1$ 时，若 $vu\notin Q$，那么存在唯一 $q\in Q$，$j\geqslant 2$ 使得 $vu=q^j$. 于是存在

$$q_1\in A^+,q_2\in A^*,q=q_1q_2$$

使得

$$v=(q_1q_2)^nq_1,u=q_2(q_1q_2)^m,m+n+1=j,$$

因此 $uv=(q_2q_1)^{m+n+1}=(q_2q_1)^j$，这与 $uv\in Q$ 矛盾 .

当 $i\geqslant 2$ 时，设 $uv=x^i$，$i\geqslant 2$. 那么

$$u=(rs)^mr,v=s(rs)^n,m+n=i-1,r\in A^+,s\in A^*,rs=x,$$

由于 $x\in Q$，则 $y=sr\in Q$. 因此，$vu=(sr)^i=y^i$.

□

命题 1.3.2[123]　令 $u\in A^+$，$u\neq a^n$，$a\in A$. 那么或者 $ua\in Q$，或者 $u\in Q$.

证明：假设 $ua=x^n$，$u=y^m$，$x,y\in Q$，$m,n\geqslant 2$. 那么 f^n 和 g^n 以 u 作为一个公共前缀，并且

$$|x|=\frac{|u|+1}{n},|y|=\frac{|u|}{m}.$$

因此

$$|x|+|y|=|u|\left(\frac{1}{n}+\frac{1}{m}\right)+\frac{1}{n}<lg(u)+1.$$

从而 $|u|\geqslant|x|+|y|$. 而 $x,y\in Q$，所以 $x=y$. 于是 $ua=x^n$，$u=x^m$，$m,n\geqslant 2$，矛

盾. 因此, ua, u 之一一定是本原的.

□

令 $u,v\in A^*$. 则

$$u\leqslant_d v\Leftrightarrow v=ux=yu(x,y\in A^*)$$

为 A^* 上的一个偏序. 一个字 $w\in A^+$ 叫作无边字, 如果存在 $u\in A^+$ 使得 $u\leqslant_d w$, 那么 $u=w$; 否则称为有边字. w 是无边的当且仅当

$$w\in uA^+\cap A^+u\Rightarrow u=1.$$

记字母表 A 上的所有本原字为 $U(A)$, 或者简记为 U. 容易验证, 如果 w 是无边的, 那么

$$wA^*\cap A^*w=wA^*w\cup w.$$

命题 1.3.3[92] 若 $uv=vz$, $u,v,z\in A^*$ 且 $u\neq 1$, 那么存在 $x,y\in A^*$, $k\geqslant 0$, 使得

$$u=xy, v=(xy)^k x, z=yx.$$

证明: 若 $|v|\leqslant|u|$, 那么存在 $w\in A^*$ 使得 $u=vw$, $z=wv$, 此时结论成立.

若 $|u|<|v|$, 那么存在 w' 使得 $v=uw'$, 于是 $uw'=w'z$. 因 $u\neq 1$, 所以 $|v|<|w'|$, 对 $|v|$ 进行归纳, 可得结论.

□

根据引理 1.3.1 和引理 1.3.3, 有以下推论:

推论 1.3.3[93,124] 若 $uv=vz$, $u,v,z\in A^*$, 且 $u\neq 1$, 则存在 $xy\in Q$, $i,j\geqslant 1$, 使得

$$u=(xy)^i, v=(xy)^j x, z=(yx)^i.$$

推论 1.3.4[45,123] 令 $u\in A^+\setminus U$, 则存在 $v\in A^+$, $w\in A^*$ 使得 $u=vwv$.

命题 1.3.4[3] 设 $|A|\geqslant 2$. 对任意 $u\in A^+$, 都存在 $v\in A^*$ 使得 $uv\in U$.

证明: 假定 a 是 u 的首字母, 取 $b\in A\setminus a$.

下证 $w=uab^{|u|}\in U$. w 的一个非空前缀 t 的首字母为 a, 那么 t 不是 w 的后

缀,除非 $|t|>|u|$. 但此时存在 $s\in A^*$ 使得 $t=sab|u|$,从而 $t=uab^{|s|}$. 因此 $|s|=|u|$,故 $t=w$.

□

命题 1.3.5[45,123]　令 $x_1,x_2\in A^+$. 如果 $x_1x_2\in U$,那么对任意 $k\geqslant 1$,有 $x_1x_2^k$, $x_1^kx_2\in U$. 因此,如果 $uv\in U$,那么 $u^+v^+\subseteq U$.

证明:对 k 进行归纳.

(1)$k=2$.

令 $x=x_1x_2$,其中 $x_1,x_2\in A^+$. 假设 $xx_2\notin U$. 那么存在 $u\in A^+$ 使得 $u<_d xx_2$.

情形 1　$1<|u|\leqslant|x_2|$. 此时,$xx_2\notin U$ 表明 $x\notin U$,矛盾.

情形 2　$|x_2|<|u|\leqslant 2|x_2|$. 根据引理 1.3.4,仅考虑 $|u|\leqslant|x|$,则情形如图 1-2 所示.

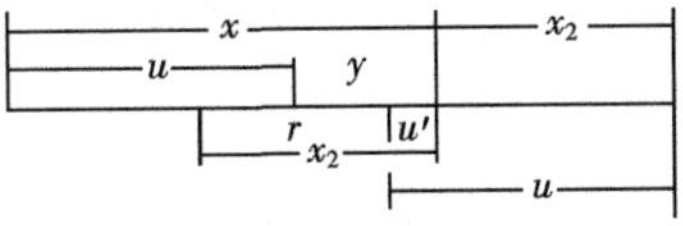

图 1-2　情形 2

令 $x_2=ru'$,$r\in A^*$,$u=u'x_2$,$u'\in A^+$,那么 $x=uy=u'x_2y$,$x=x_1x_2=x_1ru'$,即

$$x=u'x_2y=x_1ru',$$

矛盾.

情形 3　$|u|>2|x_2|$,根据引理 1.3.4,仅考虑 $|u|\leqslant|x|$,情形如图 1-3 所示.

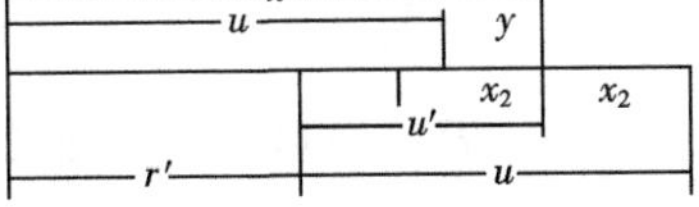

图 1-3　情形 3

令 $u=u'x_2$，$xx_2=ru$，那么 $xx_2=ru'x_2$，$x=ru'$，$u'\in A^+$. 因 $|x|\geqslant|u|$，$u=u'x_2$，所以

$$x=uy=u'x_2y,$$

因此，$x=ru'=u'x_2y$，矛盾．故 $x_1x_2\in U$ 表明 $x_2x_2^2\in U$. 现在用归纳法证明

$$x_1x_2\in U\Rightarrow x_1x_2^h\in U, k>2.$$

(2)假设结论对 k 成立．

由(1)知，

$$x_1x_2^{k+1}=(x_1x_2^k)x_2=((x_1x_2^{k-1})x_2)x_2,$$

并且

$$(x_1x_2^{k-1})x_2\in U\Rightarrow x_1x_2^{k-1}x_2x_2=x_1x_2^{k+1}\in U.$$

因此结论对 $k+1$ 成立．由归纳法知，对任意 $k>1$，

$$x_1x_2\in U\Rightarrow x_1x_2^k\in U.$$

同理，对任意 $k>1$，

$$x_1x_2\in U\Rightarrow x_1^kx_2\in U.$$

□

命题 1.3.6[129]　令 $u,v\in U$. 那么以下三款等价：

(1) $uv\in U$.

(2) $u^+v^+\subseteq U$.

(3) $P_{nt}(u)\cap S_{nt}(v)=\varnothing$.

证明：令 $u,v\in U$.

(1)⇔(2) 如果 $u^+v^+\subseteq U$，那么显然 $uv\in U$.

反之，根据命题 1.3.5，$uv\in U$ 表明 $u^+v^+\subseteq U$.

(1)⇔(3) 令 $uv\in U$. 如果 $w\in P_{nt}(u)\cap S_{nt}(v)$，那么 $w\leqslant_d uv$，$w\neq 1$，$w\neq uv$. 从而有 $uv\notin U$，矛盾．因此 $P_{nt}(u)\cap S_{nt}(v)=\varnothing$.

(3)⇔(1) 假设 $P_{nt}(u)\cap S_{nt}(v)\neq\varnothing$，$w<_d uv$，$w\in A^*$. 如果 $|w|>|u|$，那么

存在 $w_1 \in A^+$ 使得 $w = uw_1$. 因此, $w_1 <_d v, w_1 \neq 1$. 于是, $v \notin U$, 矛盾. 同理, 如果 $|w| > |v|$, 那么存在 $w_2 \in A^+$ 使得 $w = w_2 v$, 因此 $w_2 <_d u, w_2 \neq 1$. 这表明 $u \notin U$, 矛盾. 因此,

$$|w| \leqslant |u|, |w| \leqslant |v|.$$

即 $w \in P_{nt}(u) \cap S_{nt}(v)$ 或 $w = l$. 因 $P_{nt}(u) \cap S_{nt}(v) = \emptyset$, 所以 $w = l$. 故, $uv \in U$.

□

1.4 码

1.4.1 基本定义和符号

令 $X \subseteq A^+$, 则称 X 为 A 上的一个码, 如果

$$x_1 x_2 \cdots x_m = y_1 y_2 \cdots y_n \Rightarrow m = n, x_i = y_i, i = 1, 2, \cdots, n,$$

其中 $x_i, y_j \in X, i = 1, 2, \cdots, m, j = 1, 2, \cdots, n$. 换言之, X^* 中任何字在 X 中有唯一的因子表示.

特别地, 码中不能包含空字. 显然, 一个码的任意子集也是码, 空集是码.

下面从字的组合角度给出二元码的一个刻画.

对任意 $X \subseteq A^+$, 所有 A^+ 的包含 X 的自由子幺半群的交是包含 X 的最小子幺半群, 即它是由 X 生成的自由半群, 称其为 X 的自由壳.

定理 1.4.1 (缺陷定理) 令 $X \subseteq A^+$, $|X| < \infty$, Y 是 X 的自由壳的基. 若 X 不是一个码, 那么

$$|Y| \leqslant |X| - 1.$$

证明: 考虑映射

$$\alpha: X \to Y,$$

$$x \in X \mapsto y \in Y,$$

使得 $x \in yY^*$. 由于 Y 是一个码,所以 α 是良定义的.

由于 X 不是一个码,所以存在 $x_i, x'_j \in X, x_1 \neq x_{1'}, i=1,2,\cdots,m, j=1,2,\cdots,n$ 使得

$$x_1x_2\cdots x_m = x'_1x'_2\cdots x'_n.$$

因此 $\alpha(x_1)=\alpha(x'_1)$, α 不是单射.

下证 α 是满射. 如果 α 不是,取 $z \in Y$ 使得 $z \notin \alpha(X)$. 考虑集合 $Z=(Y\backslash z)z^*$. 容易验证 Z 是 A 上的一个码. 然而,$X \subseteq Z^+ \subsetneq Y^+$,这与 Y^+ 是 X 的自由壳的说法矛盾.

□

由定理 1.4.1 可得以下推论:

推论 1.4.1 $X=\{x,y\} \subseteq A^+$ 是一个码当且仅当 x 和 y 不是同一字的方幂.

推论 1.4.2[90] 令 $x,y \in A^+$,则 $xy=yx$ 当且仅当 $r(x)=r(y)$.

接下来介绍关于码的同态运算.

命题 1.4.1[3] 如果 B 是字母表,$X \subseteq A^*$ 是一个码,那么由 B 到 X 的双射可以延拓为由 B^* 到 A^* 的单同态;反之,如果存在单同态 $\beta: B^* \to A^*$ 使得 $X=\beta(B)$,那么 X 是一个码.

证明:设 $\beta: B^* \to A^*$ 是一个同态且使得 $\beta: B \to X$ 是一个双射. 令 $u,v \in B^*$ 且 $\beta(u)=\beta(v)$. 设

$$u=b_1\cdots b_n,$$

$$v=b'_1\cdots b'_m,$$

其中,$n,m \geqslant 0, b_1,\cdots,b_n,b'_1,\cdots,b'_m \in B$. 因 β 是一个同态,所以

$$\beta(b_1)\cdots\beta(b_n)=\beta(b'_1)\cdots\beta(b'_m).$$

而 X 是一个码,且 $\beta(b_i), \beta(b'_j) \in X$,因此 $n=m$,且

$$\beta(b_i)=\beta(b'_i),i=1,\cdots,n.$$

又 $\beta:B\to X$ 是一个双射，所以

$$b_i=b'_i,i=1,\cdots,n,$$

且 $u=v$. 故 β 是单同态 .

反之，如果 $\beta:B^*\to A^*$ 是单同态，且

$$x_1\cdots x_n=x'_1\cdots x'_m, \tag{1.2}$$

其中，$n,m\geqslant 1,x_1,\cdots,x_n,x'_1,\cdots,x'_n\in X=\beta(B)$. 设

$$\beta(b_i)=x_i,\beta(b'_j)=x'_j,b_i,b'_j\in B,i=1,\cdots,n,j=1,\cdots,m.$$

因 β 是单同态，式(1.2)表明

$$b_1\cdots b_n=b_1\cdots b'_m.$$

于是 $n=m,b_i=b'_i$，从而 $x_i=x'_i,i=1,\cdots,n.$

□

如果一个单同态 $\beta:B^*\to A^*$ 满足 $X=\beta(B)$，那么称 β 为 X 的编码态射 .

推论 1.4.3[3]　令 $\alpha:A^*\to B^*$ 为一单同态 . 如果 X 是 A 上的一个码，那么 $\alpha(X)$ 是 B 上的一个码 . 如果 Y 是 B 上的一个码，那么 $\alpha^{-1}(Y)$ 是 A 上的一个码 .

证明：令 $\beta:B^*\to A^*$ 为 X 的编码态射 . 那么 $\alpha(\beta(B))=\alpha(X)$，又因

$$\alpha\circ\beta:B^*\to C^*$$

是单同态，根据命题 1.4.1，$\alpha(X)$ 是码 .

反之，令 $X=\alpha^{-1}(Y),x_1,\cdots,x_n,x'_1,\cdots,x'_m\in X,n,m\geqslant 1$ 且满足

$$x_1\cdots x_n=x'_1\cdots x'_m.$$

那么

$$\alpha(x_1)\cdots\alpha(x_n)=\alpha(x'_1)\cdots\alpha(x'_m).$$

因 Y 是码，所以 $n=m$，

$$\alpha(x_i)=\alpha(x'_i),i=1,2,\cdots,n.$$

而 α 是单的,所以

$$x_i = x'_i, i = 1, 2, \cdots, n.$$

故 X 是一个码.

□

推论 1.4.4[3]　如果 $X \subset A^*$ 是一个码,那么对任意 $n \geqslant 0$, X^n 也是一个码.

证明:令 $\beta: B^* \to A^*$ 为 X 的编码态射. 那么 $X^n = \beta(B^n)$. 而 B^n 是一个码,根据命题 1.4.3,可得结论.

□

例 1.4.1　两个码的乘积通常不一定是码. 例如,令

$$X = \{a, ba\}, Y = \{a, ab\}.$$

容易检验 X 和 Y 都是字母表 $A = \{a, b\}$ 上的码. 设 $Z = XY$. 那么

$$Z = \{aa, aab, baa, baab\}.$$

易知, $w = aabaab$ 有两种分解

$$w = (aa)(baab) = (aab)(aab).$$

故 Z 不是一个码.

令 $X \subseteq A^+$. 称 X 为前缀码(后缀码、内缀码),如果 X 中任意一个字都不是任何其他字的前缀(后缀、内缀);称 X 为双缀码,如果 X 既是前缀码也是后缀码. 易知,内缀码既是前缀码也是后缀码. 记 A 上所有的前缀码、后缀码、双缀码、内缀码构成的集分别为 $\boldsymbol{P}$、$\boldsymbol{S}$、$\boldsymbol{B}$、$\boldsymbol{I}$.

称前缀码(后缀码、双缀码、内缀码、外缀码) X 为 A 上的极大前缀码(极大后缀码、极大双缀码、极大内缀码),如果它不包含在同一字母表上的任何其他前缀码(后缀码、双缀码、内缀码)中,即如果

$$X \subseteq Y \subset A^*, Y \in \boldsymbol{P}(\boldsymbol{S}, \boldsymbol{B}, \boldsymbol{I}),$$

那么 $X = Y$.

命题 1.4.2[123]　设 $X \subseteq A^+$. X 是前缀码当且仅当对任意 $Y, Z \subseteq A^*$,有

$X(Y\cap Z)=XY\cap XZ$.

M. P. Schützenberger 开创性地讨论了极大码和完备码之间的关系，第一次将码的代数性质和组合性质联系起来．

令 $\emptyset\neq X\subseteq A^+$. 称 X 在 A^+ 中是稠密的，如果对任意 $w\in A^*$，有 $A^*wA^*\cap X\neq\emptyset$；否则，称为稀疏的．称 X 为完备的，如果 X^* 在 A^* 是稠密的．称 X 为一个极大码，如果 X 不能包含在 A 上的任何其他码中．下面的引理揭示了这两个概念之间的联系：

引理 1.4.1[3]　所有的极大码都是完备的；反之，所有稀疏的完备码都是极大码．

引理 1.4.1 的两个结论可以合并成如下引理：

引理 1.4.2[3]　令 X 为 A 上的一个码，则 X 是完备的当且仅当 X 是稠密的或极大的．

如果一个码既是极大前缀码又是极大后缀码，那么它是极大双缀码；反之，不一定成立，见文献[3]中的例 6.2.4. 但一个极大双缀码是极大前缀码或是极大后缀码．

命题 1.4.3　令 X 为 A 上的一极大双缀码，则 X 是极大前缀码或者是极大后缀码．

证明：如果 X 既不是极大前缀码也不是极大后缀码，那么存在

$$w_1\in A^*\backslash X, w_2\in A^*\backslash X$$

使得

$$X\cup\{w_1\}\in P, X\cup\{w_2\}\in S.$$

显然，$w_1w_2\notin X$，且 $X\cup\{w_1w_2\}\in B$. 事实上，如果 $X\cup\{w_1w_2\}\notin P$，那么存在 $x\in X$ 使得 $x<_p w_1w_2$，或者 $w_1w_2<_p x$. 对于前者，有

$$x<_p w_1, \text{或} w_1<_p x,$$

这与 $X\cup\{w_1\}\in P$ 矛盾．对于后者，可得 $w_1<_p x$，也与 $X\cup\{w_1\}\in P$ 矛盾．因此，

$X\cup\{w_1w_2\}\in P$. 同理,$X\cup\{w_1w_2\}\in S$,即 $X\cup\{w_1w_2\}\in B$,这又与 X 为一极大双缀码矛盾,命题得证.

□

1.4.2 码的合成与分解

定义 1.4.1 令 Y 和 Z 分别是有限字母表 B 和 A 上的码. 若 $B=alph(Y)$,且存在一个双射 $\beta:B\to Z$,则称 Y 和 Z 是可合成的(或称可复合的).

β 提供了一个单同态 $\beta^*:B^*\to A^*$. 将 β^* 看作 β,易知,

$$X=\beta(Y)\subseteq Z^+ \tag{1.3}$$

是 A 上的一个码,称其为 Y 和 Z 通过 β 复合的码,记为 $X=Y\circ_\beta Z$,在不引起混淆的情况下,也可简记为 $X=Y\circ Z$.

因 β 是单射,X 和 Y 都与双射有关,于是 $|X|=|Y|$. 由合成的定义、命题 1.4.3 和式(1.3)可得如下命题:

命题 1.4.4 如果 Y,Z 是两个可合成的码,那么 $X=Y\circ Z$ 也是码.

关于合成运算,有如下类似于“结合律”的性质:

命题 1.4.5[3] 设 $X\subset C^*,Y\subset B^*,Z\subset A^*$ 是三个码,X 和 Y 和通过 γ 合成,Y 和 Z 可通过 β 合成. 那么

$$(X\circ_\gamma Y)\circ_\beta Z=X\circ_{\beta\gamma}(Y\circ_\beta Z).$$

证明:假设 $C=alph(X)$,$B=alph(Y)$. 于是,$\gamma:C^*\to B^*$,$\beta:B^*\to A^*$ 且满足

$$\gamma(C)=Y,\beta(B)=Z.$$

令 $\delta:D^*\to C^*$ 为 X 的编码态射,于是 $\delta(D)=X$. 因此

$$D^*\xrightarrow{\delta}C^*\xrightarrow{\gamma}B^*\xrightarrow{\beta}A,$$

并且

$$\beta\gamma\delta(D)=\beta\gamma(X)=X\circ_{\beta\gamma}\beta\gamma(C)=X\circ_{\beta\gamma}(Y\circ_\beta Z),$$

$$\beta\gamma\delta(D)=\beta(\gamma\delta(D))=\gamma\delta(D)\circ_{\beta}\beta(B)=(X\circ_{\gamma}Y)\circ Z.$$

□

现在我们考虑合成的逆运算——分解．为此，先推广字母表的概念．

令 $Z\subset A^*$ 是一个码，$X\subset A^*$．那么

$$alph_Z(X)=\{z\in Z \mid \exists u,v\in Z^*:uzv\in X\}.$$

定义 1.4.2 令 $X\subseteq A^+$ 为一个码．称 X 是不可分解的，如果

$$X=Y\circ Z, alph(Y)=B\Rightarrow Y=B, \text{或 } Z=A.$$

否则，称 X 可在 Z 上分解，或称 X 在 Z 上是可分解的．

容易看到，对于 A 上任意一个码 X，都有 $X=B\circ X, X=X\circ A$，称为 X 的平凡分解．

例 1.4.2 令 $A=\{a,b,c\}, X=\{a^2bcbc, abcabcbc\}$．则 X 有一种分解

$$X=Y\circ_{\beta}Z,$$

其中 $Y=\{de,gfe\}\subseteq B^*, Z=\{a^2b,cbc,cab,ab\}\subseteq A^*, \beta:B^*\rightarrow A^*$ 定义为

$$\beta(d)=a^2b, \beta(e)=cbc, \beta(f)=cab, \beta(g)=ab.$$

因此，X 在 Z 上是可分解的．

此外，也存在不可分解的码．例如，$\{a,b,c\}$ 上的单码 $\{a,bc\}$ 就是不可分解的．

事实上，如果 $X=\{a,bc\}$ 在某个码 $\overline{Z}$ 上是可分解的，易知，$a\in\overline{Z}$．如果 $b\notin\overline{Z}$，那么 $bc\in\overline{Z}$，于是 $\overline{Z}=X$．如果 $b\in\overline{Z}$，那么 $c\in\overline{Z}$，于是 $\overline{Z}=A$．无论哪种情况都会导致 $\overline{Z}=A$，或者 $\overline{Z}=X$．因此，$\{a,bc\}$ 是不可分解的．

下面的命题给出了一个码可分解需满足的条件．

命题 1.4.6[3] 令 $X,Z\subset A^*$ 是码．那么存在码 Y 使得 $X=Y\circ Z$ 当且仅当

$$X\subset Z^* \text{ 且 } alph_Z(X)=Z. \tag{1.4}$$

式(1.4)表明，Z 中的所有字都能成为 X 中某个字的内缀．

证明：令 $X=Y\circ_{\beta}Z, \beta:B^*\rightarrow A^*$ 是单同态，$Y\subset B^*, B=alph(Y)$．那么

$$X=\beta(Y)\subset\beta(B^*)=Z^*,$$

进一步地，$\beta(B)=alph_{\beta(B)}\beta(Y)$，即 $Z=alph_Z(X)$.

反之，$\beta:B^*\to A^*$ 是 Z 的编码态射，设 $Y=\beta^{-1}(X)$. 那么

$$X\subset\beta(B^*)=Z^*,\beta(Y)=X.$$

由推论 1.4.3 知 Y 是一个码. 因 $Z=alph_Z(X)$，所以 $alph(Y)=B$. 故 Y 和 Z 是可以合成的，且

$$X=Y\circ_\beta Z.$$

□

注 1.4.1 码的分解不一定唯一，也就是说，一个码可能存在很多种不同的分解.

第 2 章　自动机

2.1　Pumping 引理

定义 2.1.1　称一个五元组$\mathcal{A}=(Q,A,\varphi,I,T)$为一个有限自动机，如果它满足下列条件：

(1) Q 是一个称为状态集的有限非空集合.

(2) A 是一个称为输入集的有限字母表，且 $A\cap Q=\emptyset$.

(3) φ 是一个称为状态转移函数的从 $Q\times A$ 到 Q 的函数. 它可以通过

$$(\forall q\in Q),\varphi(q,1)=q$$

和

$$(\forall q\in Q,a\in A,w\in A^{*})\varphi(q,wa)=\varphi(\varphi(q,w),a)$$

拓展为 $Q\times A^{*}$ 到 Q 的映射，在不引起歧义的情况下，也可以省略状态转移函数，简记为

$$q\cdot wa=(q\cdot w)\cdot a.$$

(4) I 是 Q 中称为初始状态的非空子集.

(5) T 是 Q 中称为终止状态的非空子集.

在不引起歧义的情况下,也可将自动机简记为$\mathcal{A}=(Q,I,T)$.

例 2.1.1 令$\mathcal{A}=(Q,A,\varphi,i,T)$,$Q=\{0,1,2,3\}$,$A=\{a,b\}$. 转移函数 ϕ 如表 2-1 所示. 根据定义,$\mathcal{A}$是一个有限自动机.

表 2-1 转移函数

ϕ	a	b
0	0	0
1	2	1
2	2	3
3	0	1

$E\subset Q\times A\times Q$ 称为该自动机$\mathcal{A}$的边集,自动机$\mathcal{A}$的一条路是指一些连续边 $c=(f_1,f_2,\cdots,f_n)$的序列,其中

$$f_i=(q_i,a_i,q_{i+1}),i=1,2,\cdots,n,$$

n 称为该条路的长度. $w=a_1a_2\cdots a_n$ 称为该条路的标记.

此外,还可以用状态图来表达自动机,用状态集 Q 表示顶点. 若 $q'\in\varphi(q,a)$,则用 $q\xrightarrow{a}q'$表示标记为 a 的边. 初始状态用入箭头表示,终止状态用出箭头表示,如果一个状态既是初始状态又是终止状态则用双箭头表示. 例 2.1.1 的自动机也可用图 2-1 表示.

定义 2.1.2 令$\mathcal{A}=(Q,A,\varphi,i,T)$为一有限自动机,$w\in A^*$,$L\subseteq A^*$. 称 w 能被自动机$\mathcal{A}$接受(或识别),如果

$$\varphi(i,w)\cap T\neq\varnothing.$$

称 $T(\mathcal{A})$ 为有限自动机$\mathcal{A}$所接受(或识别)的语言,其中

$$T(\mathcal{A})=\{w\in A^*\mid\varphi(i,w)\cap T\neq\varnothing\}.$$

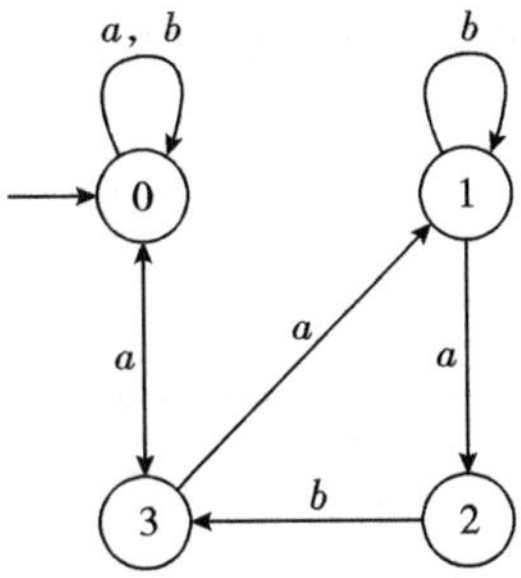

图 2-1　与表 2-1 具有相同转移函数的自动机

称两个自动机$\mathcal{A}$和 $\mathcal{B}$ 是等价的,如果 $T(\mathcal{A})=T(\mathcal{B})$.

称 A 上的语言 L 为可识别的,如果存在一个自动机$\mathcal{A}$使得 $L=T(\mathcal{A})$.

例 2.1.2[35]　令$\mathcal{A}$是一个自动机,它的状态图如图 2-2 所示,该自动机识别 a^*.

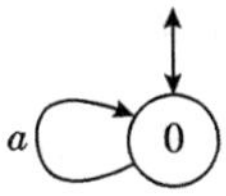

图 2-2　识别 a^* 的自动机

例 2.1.3[35]　令$\mathcal{A}$是一个自动机,它的状态图如图 2-3 所示,该自动机识别 a^+.

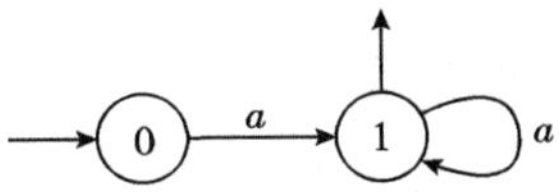

图 2-3　识别 a^+的自动机

例 2.1.4[35] 令$\mathcal{A}$是一个自动机,它的状态图如图 2-4 所示,该自动机识别$(aba)^*$.

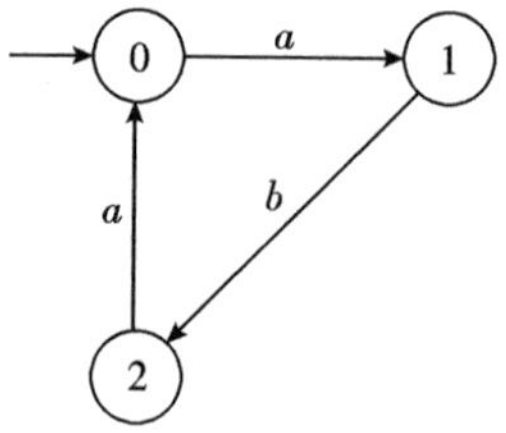

图 2-4 识别$(aba)^*$的自动机

例 2.1.5[35] 令 $A=\{a,b\}$,$L=\{a^nb^n \mid n\geqslant 1\}$. 那么 L 不是可识别的.

证明:假设存在自动机$\mathcal{A}=(Q,A',\varphi,I,T)$识别 L. 不失一般性,取 $I=\{i\}$. 对任意 $n\geqslant 1$

$$\varphi(i,a^nb^n)\cap T\neq\varnothing.$$

因 Q 是有限的,因此 2^Q 有限,于是存在 $m,n\geqslant 1,m\neq n$ 使得 $\varphi(i,a^n)=\varphi(i,a^m)$. 于是

$$\varphi(i,a^nb^n)=\varphi(i,a^mb^n)$$

并且

$$\varphi(i,a^mb^n)\cap T\neq\varnothing.$$

矛盾.

□

令$\mathcal{A}=(Q,A,\varphi,I,T)$为一个自动机,

$$u=a_1a_2\cdots a_n,a_i\in A,i=1,\cdots,n.$$

如果 $q'\in\varphi(q,w)$,那么在自动机状态图中,q,q'通过路

$$q\xrightarrow{a_1}q_1\xrightarrow{a_2}q_2\cdots q_{n-1}\xrightarrow{a_n}q'$$

连接 . u 被称为这条路的标记 . 这条路被称为一条成功的路,如果它始于初始状态集 I 中的状态,终止于终止状态集 T 中的状态 .

命题 2. 1. 1　(Pumping lemma)令 L 是一个无限可识别语言,则存在正整数 n,使得对任意 $w \in L$, $|w| \geqslant n$ 可以分解为 $w=xyz$,其中

(1) $x,z \in A^*$, $y \in A^+$.

(2) $|xy| \leqslant n$.

(3) $(\forall k \geqslant 0)xy^kz \in L$.

证明: 令 $\mathcal{A}=(Q,A,\varphi,I,T)$ 是一个识别 L 的有限自动机, $|Q|=n$,

$$w=a_1\cdots a_m, a_i \in A, i=1,2,\cdots,m, m \geqslant n.$$

设

$$q_0 \xrightarrow{a_1} q_1 \cdots q_{m-1} \xrightarrow{a_m} q_m$$

是带有标记 w 的成功的路 . 因 $m \geqslant n$,则存在 $i,j,i<j \leqslant n$,使得 $q_i=q_j$. 因此,在状态 q_i 会存在一个带有标记 $a_{i+1}\cdots a_j$ 的环路,具体如图 2–5 所示 . 令 $x=a_1\cdots a_i$, $y=a_{i+1}\cdots a_j$, $z=a_{j+1}\cdots a_m$. 那么 $|xy| \leqslant n$,且对于任意非负整数 k, xy^kz 可被$\mathcal{A}$识别, i. e. $xy^kz \in L$.

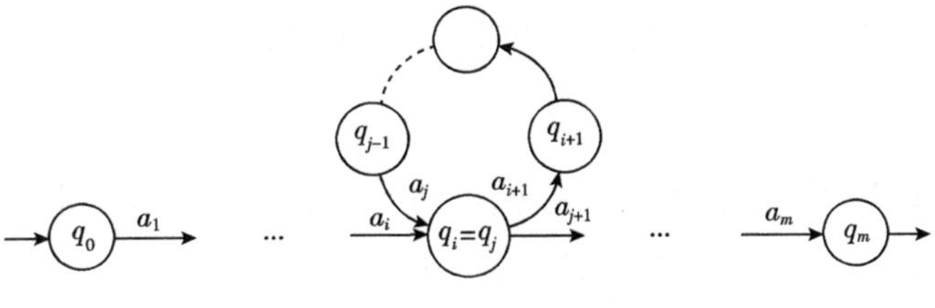

图 2–5　环路

□

定义 2. 1. 3　令$\mathcal{A}=(Q,A,\varphi,I,T)$为一有限自动机 . 称$\mathcal{A}$为一确定自动机,

如果 $|I|=1$ 且

$$(\forall q\in Q)(\forall a\in A)\ |\varphi(q,a)|\leqslant 1.$$

定义 2.1.4 令$\mathcal{A}=(Q,A,\varphi,I,T)$为一有限自动机．称$\mathcal{A}$为一完备自动机，如果

$$((\forall q\in Q)(\forall a\in A)\ |\varphi(q,a)|\geqslant 1).$$

设$A=\{a,b\}$，例 2.1.2 至例 2.1.4 和图 2-6 的自动机为不完备确定自动机，图 2-7 为完备不确定自动机．

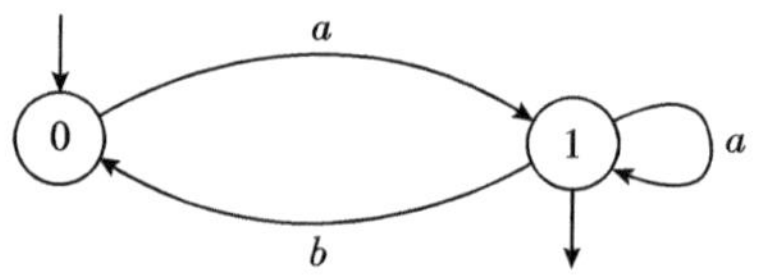

图 2-6　不完备确定自动机

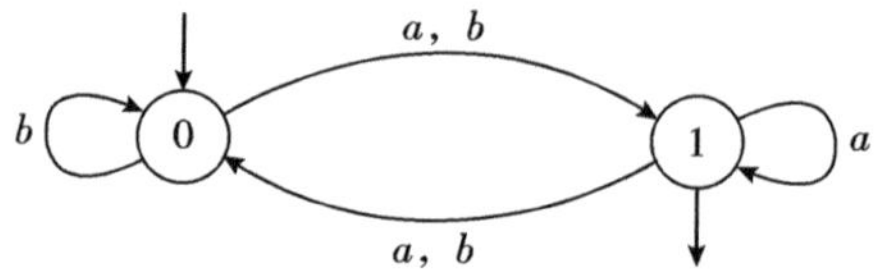

图 2-7　完备不确定自动机

命题 2.1.2[35,43]　令$\mathcal{A}=(Q,A,\varphi,I,T)$为一有限自动机．则存在一个确定且完备的有限自动机$\mathcal{A}'$使得 $T(\mathcal{A})=T(\mathcal{A}')$.

证明：令$\mathcal{A}'=(2^Q,A,\psi,\{I\},T')$，其中 ψ 为

$$(\forall P\in 2^Q)(\forall a\in A)\psi(P,a)=\bigcup_{p\in P}\varphi(p,a),$$

$T'=\{P\in P(Q)\mid P\cap T\neq\varnothing\}$．那么$\mathcal{A}'$是完备确定有限自动机．容易验证

$$(\forall P\in 2^Q)(\forall w\in A^*)\psi(P,w)=\bigcup_{p\in P}\varphi(p,w).$$

而

$$u \in T(\mathcal{A}) \Leftrightarrow \left(\bigcup_{i \in I} \varphi(i,w) \right) \cap T \neq \emptyset$$

$$\Leftrightarrow \psi(I,w) \cap T \neq \emptyset$$

$$\Leftrightarrow \psi(I,w) \in T'$$

$$\Leftrightarrow u \in T(A').$$

因此，$T(\mathcal{A}) = L(\mathcal{A}')$.

□

例 2.1.6[35]　图 2-8 和图 2-9 给出了识别以 aba 为后缀的字的不确定和确定自动机.

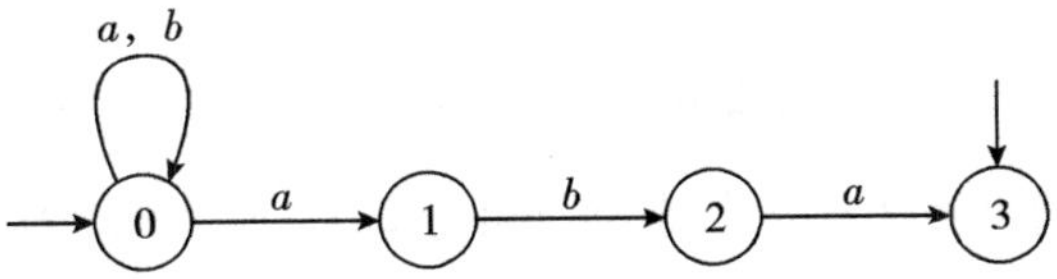

图 2-8　识别$\{a,b\}^*aba$ 的不确定自动机

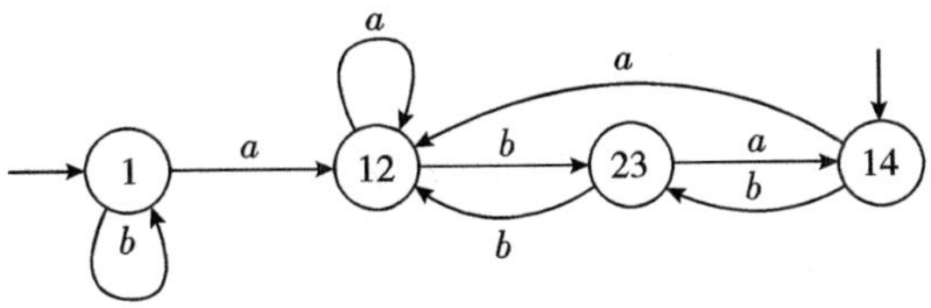

图 2-9　识别$\{a,b\}^*aba$ 的确定自动机

定义 2.1.5　令$\mathcal{A} = (Q, A, \varphi, i, T)$为一自动机，$q \in Q$. 称状态 q 是可达状态（余可达状态），如果

$$(\exists w \in A^*) q \in \varphi(i,w)$$

$$((\exists w \in A^*)\varphi(q,w) \cap T \neq \emptyset).$$

称自动机$\mathcal{A}$是可达自动机(余可达自动机),如果每个状态都是可达的(余可达的).

一个自动机如果每个状态既是可达的也是余可达的,则称为活自动机.

2.2 可识别性和正则性

令$\mathcal{A}=(Q,i,T)$是一个确定自动机. 对每个$q \in Q$,令

$$L_q=\{w \in A^* \mid q \cdot w \in T\}.$$

状态$p,q \in Q$称为不可分离状态,如果$L_p=L_q$;否则,称为可分离状态. 如果一个自动机的任意两个不同的状态都是可分离的,那么称为简化自动机.

令$X \subseteq A^*$. 现在我们定义一个特别的自动机$\mathcal{A}(X)$:

$\mathcal{A}(X)$的状态集为$u^{-1}X, u \in A^*$.

初始状态集为$X=1^{-1}X$,终状态集为含有空字的那些状态. 转移函数定义为:对状态$Y=u^{-1}X, a \in A$则有

$$Y \cdot a=a^{-1}Y,$$

并且

$$T(\mathcal{A}(X))=X.$$

事实上,$X \cdot w=w^{-1}X, w \in A^*$. 于是,

$$w \in L(A(X)) \Leftrightarrow 1 \in X \cdot w \Leftrightarrow 1 \in w^{-1}X \Leftrightarrow w \in X.$$

$\mathcal{A}(X)$也是简化的. 事实上,对$Y=u^{-1}X$,

$$L_Y=\{v \in A^* \mid Y \cdot v \in T\}=\{v \in A^* \mid uv \in X\}.$$

因此,$L_Y=Y$.

定义 2.2.1 令 L 为 A 上一个非空语言. 称完备自动机$\mathcal{A}_L=(Q_L,A,\varphi_L,i_L,T_L)$为 L 的极小自动机,其中

$$Q_L=\{u^{-1}L \mid u\in A^*\},i_L=1^{-1}L=L,T_L=\{u^{-1}L \mid u\in L\},$$

$$(\forall a\in A)\varphi_L(u^{-1}L,a)=a^{-1}(u^{-1}L)=(ua)^{-1}L.$$

命题 2.2.1[3] 令$\mathcal{A}=(Q,i,T)$是一个活确定自动机,$X=T(\mathcal{A})$,$\mathcal{A}(X)=(P,j,S)$为 X 的极小自动机. 那么函数

$$\varphi:Q\to P$$

$$q\mapsto L_q$$

是满函数,并满足 $\varphi(i)=j,\varphi(T)=S,\varphi(q\cdot a)=\varphi(q)\cdot a$.

证明:令 $q\in Q,u\in A^*$使得 $i\cdot u=q$. 那么

$$L_q=\{w\in A^* \mid q\cdot w\in T\}=u^{-1}X.$$

因$\mathcal{A}$是活的,所以 $L_q\neq\emptyset$,于是 $L_q\in P$. 因此 φ 是从 Q 到 P 的函数.

接下来说明 φ 是满的. 令 $u^{-1}X\in P$,那么 $u^{-1}X\neq\emptyset$. 因此 $i\cdot u\neq\emptyset$. 设 $q=i\cdot u$,从而

$$L_q=u^{-1}X=\varphi(q).$$

故 φ 是满的. 对 $q=i\cdot u$,有

$$\varphi(q\cdot a)=L_q\cdot a=(ua)^{-1}X=(u^{-1}X)\cdot a=L_q\cdot a.$$

□

令$\mathcal{A}=(Q,i,T)$是一个确定自动机. 从 Q 到 Q 的所有偏函数构成的集记为 F. 对 $q\in Q,m\in F,m$ 作用在 q 上的像记为 qm. 合成运算定义为

$$q(mn)=(qm)n,$$

那么 $\mathcal{F}$ 带有幺半群结构.

令 $\varphi(w):Q\to Q$ 是一个偏函数,且

$$q\varphi(w)=q\cdot w.$$

显然,φ 是从 A^* 到 $\mathcal{F}$ 的一个同态. $\mathcal{F}$ 的子幺半群 $\varphi(A^*)$叫作自动机$\mathcal{A}$的转

移幺半群.

注意到,若 $X=T(\mathcal{A})$,则

$$\varphi^{-1}\varphi(X)=X, \tag{2.1}$$

事实上,

$$w\in\varphi^{-1}\varphi(X)\Leftrightarrow\varphi(w)\in\varphi(X)\Leftrightarrow i\varphi(w)\in T\Leftrightarrow w\in X.$$

设 M,N 是幺半群,$X\subseteq M$. 称同态 $\varphi:M\to N$ 识别 X,如果

$$\varphi^{-1}\varphi(X)=X.$$

容易验证,从 A^* 到$\mathcal{M}(X)$的典范态射 φ_X 识别 X. 称 X 是可识别的,如果存在同态 $\varphi:M\to N$,其中 N 是有限的,使得 $\varphi^{-1}\varphi(X)=X$.

命题 2.2.2[3] 令 $X\subseteq A^*$,$\varphi:A^*\to M$ 是一满同态. 如果 φ 识别 X,那么存在一个同态

$$\psi:M\to\mathcal{M}(X)$$

使得

$$\varphi_X=\psi\circ\varphi.$$

证明:只需证明

$$\varphi(w)=\varphi(w')\Rightarrow\varphi_X(w)=\varphi_X(w'). \tag{2.2}$$

事实上,如果式(2.2)成立,那么对 $m\in M$,$\psi(m)\in\varphi_X(\varphi^{-1}(m))$是良定义的.

下证式(2.2)成立. 对于$(u,v)\in\Gamma(w)$. 那么 $uwv\in X$. 因此

$$\varphi(u)\varphi(w)\varphi(v)\in\varphi(X).$$

由 $\varphi(w)=\varphi(w')$,可知

$$\varphi(u)\varphi(w')\varphi(v)\in\varphi(X).$$

因 φ 识别 X,所以 $uw'v\in X$,因此$(u,v)\in\Gamma(w')$.

□

命题 2.2.3[3] 令 $X\subseteq A^*$. X 的句法幺半群同构于极小自动机$\mathcal{A}(X)$的转移幺半群.

证明：令 M 是 $\mathcal{A}(X)=(Q,i,T)$ 的转移幺半群，且 $\varphi:A^*\to M$ 为典范态射．根据(2.1)，φ 识别 X．由命题 2.2.2 知，存在同态 $\psi:M\to\mathcal{M}(X)$ 使得 $\varphi_X=\psi\circ\varphi$.

现在证明 ψ 是单射．为此，取 $m,m'\in M$ 使得 $\psi(m)=\psi(m')$．取 $w,w'\in A^*$ 使得

$$\varphi(w)=m,\varphi(w')=m'.$$

从而 $\varphi_X(w)=\varphi_X(w')$.

下证 $\varphi(w)=\varphi(w')$．取一个状态 $p\in Q,u\in A^*$ 且满足 $p=u^{-1}X$．于是，

$$p\varphi(w)=p\cdot w=(uw)^{-1}X=\{v\in A^*\mid(u,v)\in\Gamma(w)\}.$$

因 $\Gamma(w)=\Gamma(w')$，所以 $p\varphi(w)=p\varphi(w')$．因此 $\varphi(w)=\varphi(w')$，即 $m=m'$. □

定理 2.2.1[3]　令 $X\subseteq A^*$．则下面五款等价：

(1) X 被一个有限自动机识别．

(2) 极小自动机 $\mathcal{A}(X)$ 是有限的．

(3) 集族 $\{u^{-1}X\mid u\in A^*\}$ 是有限的．

(4) 句法幺半群 $\mathcal{M}(X)$ 是有限的．

(5) X 是可被同态识别的．

证明：(1)⇒(2)．令 $\mathcal{A}$ 识别 X．根据命题 2.1.2，可以假定 $\mathcal{A}$ 是确定的．再由命题 2.2.1 可知，极小自动机 $\mathcal{A}(X)$ 是有限的．

(2)⇔(3) 由极小自动机的定义立得．

(2)⇒(4) 根据命题 2.2.3 和任意有限自动机的转移幺半群都是有限的这一事实可证得．

(4)⇒(5) 由式(2.1)可得．

(5)⇒(1)．令 $\varphi:A^*\to M$，M 是有限的，假设 φ 识别 X．令 $\mathcal{A}=(M,1,\varphi(X))$ 是确定自动机，其转移函数为 $m\cdot\alpha=m\varphi(a)$．那么

$$1\cdot w\in\varphi(X)\Leftrightarrow\varphi(w)\in\varphi(X)\Leftrightarrow w\in X.$$

因此，$L(\mathcal{A})=X$.

□

不难发现，$\mathcal{M}(X)=Q_X$，即语言 X 的极小自动机的状态集正是由 X 确定的句法同余的类．根据正则语言的定义不难得到语言的正则性和可识别性之间的关系．

推论 2.2.1[3]　令 L 为 A 上的语言．则 L 是正则的当且仅当 L 是可识别的．

2.3　Kleene 定理

命题 2.3.1[3]　令 $w\in A^*$，那么 $\{w\}$ 是可识别的．

证明：当 $w=1$ 时，那么 $\{1\}$ 被如图 2-10 所示的自动机识别．

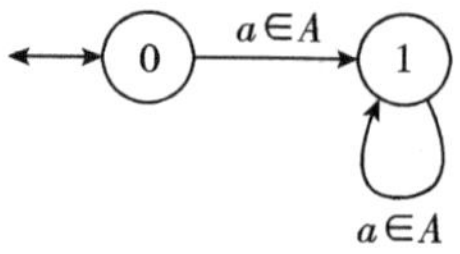

图 2-10　识别{1}的自动机

当 $w=a_1a_2\cdots a_{n-1}a_n$，$n\geqslant 1$，$a_i\in A$，$i=1,2,\cdots,n$ 时，则 $\{w\}$ 被如图 2-11 所示的自动机识别．

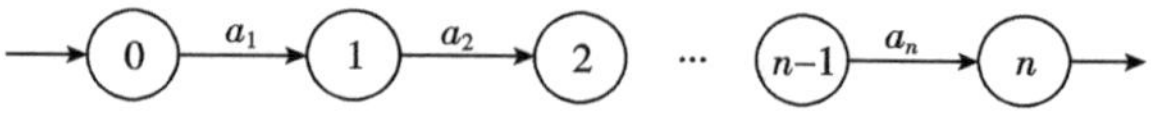

图 2-11　识别{w}的自动机

□

命题 2.3.2[3] A 上的可识别语言族在布尔运算(并、交、补)下封闭.

证明: 设 $X,Y\subset A^*$ 是 A 上两个可识别语言,$\mathcal{A}=(P,i,S)$,$\mathcal{B}=(Q,j,T)$ 是两个完备确定自动机且 $X=T(\mathcal{A})$,$Y=T(\mathcal{B})$. 令

$$\mathcal{C}=(P\times Q,(i,j),R),$$

其中

$$(p,q)\cdot a=(p\cdot a,q\cdot a).$$

容易验证$\mathcal{C}$是完备确定自动机.

若取 $R=(S\times Q)\cup(P\times T)$,有 $T(\mathcal{C})=X\cup Y$.

若取 $R=S\times T$,有 $T(\mathcal{C})=X\cap Y$.

若取 $R=S\times(Q\backslash T)$,则 $T(\mathcal{C})=X\backslash Y$.

□

命题 2.3.3[3] 令 $\alpha:A^*\to B^*$ 是一个同态. 如果 Y 是 B 上的可识别语言,那么 $X=\alpha^{-1}(Y)$ 是 A 上的可识别语言.

证明: 因为 Y 是可识别的,存在 $\varphi:B^*\to M$,M 是有限的,使得 $Y=\varphi^{-1}(\varphi(Y))$. 定义 $\psi:A^*\to M$ 且使得 $\psi=\varphi\circ\alpha$,因此

$$X=\psi^{-1}(\psi(X)).$$

□

命题 2.3.4[3] 如果 $X\subseteq A^*$ 是可识别的,那么对任意 $Y\subseteq A^*$,$Y^{-1}X$ 是可识别的.

证明: 容易验证

$$u^{-1}(Y^{-1}X)=\bigcup_{y\in Y}(yu)^{-1}X.$$

因 X 是可识别的,所以 $\{(yu)^{-1}X\mid y\in Y,u\in A^*\}$ 是有限的,因此

$$\{u^{-1}(Y^{-1}X)\mid u\in A^*\}$$

是有限的,故 $Y^{-1}X$ 是可识别的.

□

对偶地,有以下命题:

命题 2.3.5[3] 如果 $X\subseteq A^*$ 是可识别的,那么对任意 $Y\subseteq A^*$,XY^{-1} 是可识别的.

令$\mathcal{A}=(Q,I,T)$为一有限自动机. 称$\mathcal{A}$为同步自动机,如果$\mathcal{A}$的边集为 $Q\times(A\cup\{1\})\times Q$ 的子集,即$\mathcal{A}$的边的标记是字母或者空字.

命题 2.3.6[3] 对任意有限同步自动机$\mathcal{A}$,都存在有限自动机 $\mathcal{B}$ 使得 $T(\mathcal{A})=T(\mathcal{B})$.

证明:令$\mathcal{A}=(Q,I,T)$是有限同步自动机. 设 $\mathcal{B}$ 是$\mathcal{A}$中去掉以空字为标记的边的自动机,于是

$$T(\mathcal{A})\cap A^+=T(\mathcal{B})\cap A^+. \tag{2.3}$$

如果 $I\cap T\neq\emptyset$,那么 $1\in T(\mathcal{A})$,$1\in T(\mathcal{B})$,因此 $T(\mathcal{A})=T(\mathcal{B})$;否则

$$T(\mathcal{A})=T(\mathcal{B})\cup\{1\}\text{ 或 }1\notin T(\mathcal{A})\cup T(\mathcal{B}).$$

对于前者,根据命题 2.3.1 和命题 2.3.2,存在自动机$\mathcal{C}$使得 $T(\mathcal{B})=T(\mathcal{C})$;对于后者,由(2.3)可知,$T(\mathcal{A})=T(\mathcal{B})$.

□

同步自动机的定义对以下结论很有用:

命题 2.3.7[3] 令 $X,Y\subseteq A^*$. 如果 X 和 Y 都可识别,那么 XY 也可识别.

证明:设有限自动机$\mathcal{A}=(Q,I,T)$识别 X,且 E 是其边集. 构造同步自动机 $\mathcal{B}$,且 $\mathcal{B}$ 的边集为

$$E\cup(T\times\{1\}\times I).$$

那么 $T(\mathcal{B})=X^+$. 事实上,$X^+\subset T(\mathcal{B})$是显然的. 反之,设

$$c:i\xrightarrow{w}j$$

是 $\mathcal{B}$ 中的一条成功路. 根据 $\mathcal{B}$ 的定义,此路有如下形式:

$$c:i_1\xrightarrow{w_1}t_1\xrightarrow{1}i_2\xrightarrow{w_2}t_2\cdots\xrightarrow{1}i_n\xrightarrow{w_n}t_n,$$

其中 $i=i_1, j=t_n$，且此路中任意边都不以空字为标记．从而

$$w_1, w_2, \cdots, w_n \in X,$$

于是 $w \in X^+$．因此 X^+是可识别的，故 $X^* = X^+ \cup \{1\}$ 也是可识别的．

令$\mathcal{A}=(P,I,S)$，$\mathcal{B}=(Q,J,T)$ 为两个有限自动机，其边集分别为 E,F．设 $X=T(\mathcal{A})$，$Y=T(\mathcal{B})$．假定 $P\cap Q=\emptyset$，$\mathcal{C}=(P\cup Q,I,T)$ 为一同步自动机，它的边集为

$$E\cup F\cup(S\times\{1\}\times J),$$

那么容易验证 $T(\mathcal{C})=XY$.

□

下面我们给出可识别语言的另一个刻画．

令 M 是一个幺半群．M 的有理子集族是指满足以下条件的 M 的最小子集族$\mathcal{R}$：

(1) 如果 $X\subseteq M$ 是有限的，那么 $X\in\mathcal{R}$．

(2) 如果 $X,Y\in\mathcal{R}$，那么 $X\cup Y\in\mathcal{R}$，$XY\in\mathcal{R}$．

(3) 如果 $X\in\mathcal{R}$，那么 $X^*\in\mathcal{R}$．

令 L 为 A 上的语言．L 叫作有理语言，如果它可以通过 A^* 的有限语言经过有限次的并(Union)、乘积(Multiplicatio)和星运算(＊)得到，那么这三种运算称为有理运算．

命题 2.3.8[3] 令 $\alpha: A^*\to B^*$ 是一同态．如果 X 是 A^* 的有理语言，那么 $\alpha(X)$ 是 B^* 的有理语言．

证明：当 X 有限时，结论显然成立．

如果 X_1 和 X_2 是 A^* 的有理语言，那么 $\alpha(X_1\cup X_2)$，$\alpha(X_1X_2)$，$\alpha(X_1^*)$ 是有理的．所以，当 X 是 A^* 的有理语言时，那么 $\alpha(X)$ 是 B^* 的有理语言．

□

定理 2.3.1(Kleene 定理) 令 A 为一字母表，A 上的语言是可识别的当且

仅当它是有理的.

证明:记

$$Rec(A^*)=\{X\subseteq A^* \mid X\text{ 是可识别的}\},$$

$$Rat(A^*)=\{X\subseteq A^* \mid X\text{ 是有理的}\}.$$

先证 $Rat(A^*)\subset Rec(A^*)$. 事实上,A 上的任何有限语言都是可识别的. 根据命题 2.3.2 和命题 2.3.7,$Rec(A^*)$ 满足 $Rat(A^*)$ 定义中的条件(2)和条件(3),故 $Rat(A^*)\subset Rec(A^*)$.

下证 $Rec(A^*)\subset Rat(A^*)$. 令 $X\in Rec(A^*)$,$\mathcal{A}=(Q,I,T)$ 是识别 X 的自动机. 设 $Q=\{1,2,\cdots,n\}$,

$$X_{i,j}=\{w\in A^* \mid i\xrightarrow{w}j\},1\leqslant i,j\leqslant n.$$

于是,

$$X=\bigcup_{i\in I}\bigcup_{j\in T}X_{i,j}.$$

只需证对任意 i,j,$X_{i,j}$ 是有理的. 对 $k\in\{0,1,\cdots,n\}$,记 $X_{i,j}^{(k)}$ 为不经过 i,j 状态的那些路的标记构成的集,即 $w\in X_{i,j}^{(k)}$ 当且仅当

$$w=a_1a_2\cdots a_m$$

并且

$$c:i\xrightarrow{a_1}i_1\xrightarrow{a_2}i_2\rightarrow\cdots i_{m-1}\xrightarrow{a_m}j,$$

其中 $i_1\leqslant k,\cdots,i_{m-1}\leqslant k$. 因此,我们有

$$X_{i,j}^{(0)}\subset A\cup 1,\tag{2.4}$$

$$X_{i,j}^{(n)}=X_{i,j},\tag{2.5}$$

$$X_{i,j}^{(k+1)}=X_{i,j}^{(k)}\cup X_{i,k+1}^{(k)}(X_{k+1,k+1}^{(k)})^*X_{k+1,j}^{(k)},0\leqslant k<n.\tag{2.6}$$

因为 A 是有限的,又由式(2.4),有

$$X_{i,j}^{(0)}\in Rat(A^*).$$

对 $k\geqslant 0$ 进行归纳,再由式(2.6),可知 $X_{i,j}^{(k)}\in Rat(A^*)$. 根据(2.5),可得

$X_{i,j} \in Rat(A^*)$.

□

由于语言的正则性、可识别性、有理性是等价的. 因此,对于正则语言,我们有如下推论.

推论 2.3.1[3] 正则语言族在布尔运算、有理运算、同态、逆同态、乘积,以及与相同字母表上的任意语言的左、右商运算中都是封闭的.

M. O. Rabin 和 D. Scott 给出了一个算法来测试给定的自动机所识别的语言是空集还是无限集,具体如下:

定理 2.3.2[40] 令$\mathcal{A} = (Q, A, \varphi, i, T)$为一有限自动机,且$|Q| = n$. 则$T(\mathcal{A}) \neq \emptyset$当且仅当$\mathcal{A}$接受长度小于$n$的字.

第 3 章　Solid 码和 d-码

3.1　Solid 码的刻画与分解

令 X 为 A 上一非空语言，$w \in A^+$. w 的一个因子表示

$$w = x_1 y_1 x_2 y_2 \cdots x_n y_n x_{n+1}$$

其中 $y_i \in X, I(x_j) \cap X = \varnothing, i = 1, 2, \cdots, n, j = 1, 2, \cdots, n+1$，叫作 w 的一个 X-因子表示，

$$(x_1, x_2, \cdots, x_n, x_{n+1})$$

叫作 w 的 X-系数 X，记 w 的所有 X-系数构成的集为 $C_X(w)$. 称 X 为 Solid 码，若 A 上的任意一个字都有唯一的 X-因子表示；进一步，称 X 为极大 Solid 码，如果关于任意 $w \in A^* \setminus X, X \cup \{w\}$ 都不是 Solid 码.

引理 3.1.1[57]　令 X 为 A 上一非空语言，则 X 是 Solid 码当且仅当 X 是无重叠的内缀码.

引理 3.1.2[80]　令 $Y \subseteq B^+$ 和 $Z \subseteq A^+$ 是可以复合的两个 Solid 码，则它们的复

合 $X=Y\circ Z$ 也是一个 Solid 码．

引理 3.1.3[57]　令 X,Y 为 A 上两个不交的非空语言．如果 $X\cup Y$ 是一个 Solid 码，那么 XY 也是一个 Solid 码．

引理 3.1.1 给出了 Solid 码的一个等价定义．现在提供 Solid 码的其他刻画，它们将应用于定理 3.2.2 的证明．为此，定义如下记号：

令 X 为 A 上一非空语言，$n\geqslant 1,n\leqslant |X|$．记

$$X^{[n]}=\{x_1x_2\cdots x_n \mid x_i\in X,x_i\neq x_j,i\neq j,i,j=1,2,\cdots,n\}.$$

定理 3.1.1[77]　令 X 为 A 上一内缀码，则下三款等价：

(1) X 是 Solid 码．

(2) $X\subseteq U$ 且 X 满足以下两条件之一：

如果 $|X|\nless\infty$，那么

$$(\forall n\geqslant 1)X^{[n]}\subseteq U;$$

如果 $|X|<\infty$，那么

$$(\forall 2\leqslant n\leqslant |X|)X^{[n]}\subseteq U.$$

(3) $X\subseteq U$ 且 $X^{[2]}(=X^2\backslash X^{(2)})\subseteq U$.

证明：(1)⇒(2) 因为 X 是一个 Solid 码，所以 X 是无重叠的，因此，$X\subseteq U$. 假定 $|X|\nless\infty$. 令

$$x_1,x_2,\cdots,x_n\in X,x_i\neq x_j,i\neq j,i,j=1,2,\cdots,n.$$

假设 $x_1x_2\cdots x_n\notin U$. 根据推论 1.3.4，存在 $z\in A^+,w\in A^*$ 使得 $x_1x_2\cdots x_n=zwz$.

若 $|z|\geqslant|x_1|$，则存在正整数 $i,j,2\leqslant i\leqslant j\leqslant n$ 使得

$$z=x_1x_2\cdots x_{i-1}z_1=z_2x_{j+1}\cdots x_n,$$

其中 $z_1\in P_{nt}(x_i)\cup\{x_i\},z_2\in S_{nt}(x_j)\cup\{x_j\}$. 显然，$j\neq n$；否则，$x_1\in I(x_n)$ 且 $x_1\neq x_n$，这与 X 是一个内缀码矛盾．若 $z_2\neq x_j$，由于 X 是一个内缀码，因此 $|z_2|<|x_1|$，但此时，

$$P_{nt}(x_1)\cap S_{nt}(x_j)\neq\emptyset,$$

这与 X 是无重叠的相矛盾．因此 $z_2=x_j$，即

$$x_1x_2\cdots x_{i-1}z_1=x_jx_{j+1}\cdots x_n,$$

而 X 是一个内缀码，于是 $x_1=x_j$，这与 x_1,x_j 的选择相矛盾．

若 $|z|<|x_1|$，当 $|z|<|x_n|$ 时，则 $z\in P_{nt}(x_1)\cap S_{nt}(x_n)$；当 $|z|\geqslant|x_n|$ 时，有 $x_n\in I(x_1)$ 且 $x_1\neq x_n$．但无论是哪种情况都与 X 是一个 Solid 码相矛盾．

关于 $|X|<\infty$，证明类似．

(2)⇒(3) 显然成立．

(3)⇒(1) 如果 X 不是 Solid 码，因 X 是内缀码，根据引理 3.1.1，那么 X 是重叠的，因此存在 $x,y\in X,u,v,w\in A^+$ 使得 $x=uv,y=vw$．因为 $X\subseteq U$，所以 $x\neq y$，因此 $yx\in X^{[2]}$．而 $yx=vwuv\notin U$，矛盾．

□

关于 Solid 码的复合，刘云等证明了两个 Solid 码的复合仍然是 Solid 码．可是，对于极大 Solid 码，情形完全不同．

注 3.1.1 两个可以复合的极大 Solid 码的复合不一定是极大 Solid 码．例如，令 $A=\{a,b\},B=\{c,d,e\}$，

$$Y=\{cd,ce\}\subseteq B^*,Z=\{abab^2,a^2b^2ab^2,a^2b^3\}\subseteq A^*,$$

且 $\beta:B^*\to A^*$，其中 $\beta(c)=abab^2,\beta(d)=a^2b^2ab^2,\beta(e)=a^2b^3$．不难看出，$Y$ 和 Z 分别是 B 和 A 上的极大 Solid 码，但

$$X=\beta(Y)=\{abab^2a^2b^2ab^2,abab^2a^2b^3\}$$

不是 A 上的极大 Solid 码，因为 $X\cup\{abab^3a^3b^2ab^2\}$ 也是一个 Solid 码．

下面讨论 Solid 码的分解．

例 1.4.2.（续） X 有一种分解：

$$X=Y\circ_\beta Z,$$

其中 $Y=\{de,gfe\}\subseteq B^*,Z=\{a^2b,cbc,cab,ab\}\subseteq A^*$，且

$$\beta(d)=a^2b,\beta(e)=cbc,\beta(g)=ab,\beta(f)=cab.$$

显然,X 是一个 Solid 码,它在 Z 上是可分解的. $\{a,bc\}$ 也是一个 Solid 码,但它是不可分解的. 换句话说,既存在可分解的 Solid 码,也存在不可分解的 Solid 码.

命题 3.1.1[77] 令 X,Y,Z 都是码且 $X=Y\circ Z$. 如果 X 是 Solid 码,那么 Y 也是.

证明:假定 $X,Z\subseteq A^*$, $Y\subseteq B^*$, $\beta:B^*\to A^*$ 是一单同态且 $\beta(B)=Z$, $\beta(Y)=X$. 令 $u,xuy\in Y$, $u,v\in A^*$. 则 $\beta(u)$, $\beta(x)\beta(u)\beta(y)\in X$. 根据引理 3.1.1, X 是一个内缀码,因此 $\beta(x)$, $\beta(y)=1$. 因 β 是单射,所以 $x=y=1$. 故 Y 是一个内缀码.

若 Y 不是无重叠的,则存在 $y_1,y_2\in Y$ 使得 $uv=y_1$, $vw=y_2$, $u,v,w\in A^+$. 显然, $\beta(u)$, $\beta(v)$, $\beta(w)\neq 1$,且

$$\beta(y_1)=\beta(u)\beta(v)\in X, \beta(y_2)=\beta(v)\beta(w)\in X,$$

但这与 X 是 Solid 码矛盾. 因此, Y 是无重叠的. 于是,由引理 3.1.1 可知, Y 是一个 Solid 码.

□

命题 3.1.2[77] 存在不能在任何 Solid 码上分解的 Solid 码.

证明:令 $A=\{a,b\}$, $X=\{a^2b^2,abab^2\}$. 显然, X 有一种分解:

$$X=\{cd,ed\}\circ_\beta\{a^2,b^2,aba\},$$

其中

$$\beta(c)=a^2,\beta(d)=b^2,\beta(e)=aba.$$

进一步地,假定 $X=Y\circ_\beta Z$,其中 Z 是一个 Solid 码, $Z\neq A$, $Z\neq X$. 注到 $X\subseteq Z^*$. 若 $a\in Z$,则 $b\in Z$,于是, $Z=A$,矛盾. 因此, $a\notin Z$. 故 a^2b 或者 a^2b^2 或者 $abab^2$ 在 Z 中. 若 $a^2b\in Z$,则 $b\in Z$,矛盾. 若 $a^2b^2\in Z$,由于 Z 为一 Solid 码,则 $abab^2\in Z$,即 $Z=X$,矛盾. 若 $abab^2\in Z$,则 a^2 或者 a^2b 或者 a^2b^2 在 Z 中,这与 Z 是一个 Solid 码或 $Z\neq X$ 矛盾. 因此, X 不能在任何 Solid 码上分解.

□

记 A 上所有的 Solid 码构成的集为 S. 由引理 3.1.2 和命题 3.1.2 可得以下

推论：

推论 3.1.1[77]　$S\circ S\not\subseteq S$.

命题 3.1.3[77]　存在只在 Solid 码上可分解的 Solid 码 .

证明：令 $A=\{a,b,c,d\}$，$X=\{abc,d\}$. X 仅有两个非平凡的分解：

$$X=Y\circ_{\beta}Z,X=Y'\circ_{\beta'}Z',$$

其中

$$Y=\{ef,g\},Z=\{ab,c,d\},Y'=\{ef,g\},Z'=\{a,bc,d\},$$

$\beta,\beta':B^*\to A^*$ 定义为

$$\beta(e)=ab,\beta(f)=c,\beta(g)=d,\beta'(e)=a,\beta'(f)=bc,\beta'(g)=d.$$

显然，Z 和 Z' 都是 Solid 码 . 故 X 只能在 Solid 码上分解 .

□

令 X 为 A 上一码 . X 叫作一个单码，如果

$$(\forall x\in X,\forall a\in A)x_a\leqslant 1.$$

从命题 3.1.3 的证明不难得出以下推论：

推论 3.1.2[77]　令 X 是 A 上的一个单码且满足

$$(\exists x\in X)\ |x|\geqslant 3.$$

则 X 是可分解的且仅能在 Solid 码上分解 .

命题 3.1.4[77]　存在可分解的 Solid 码，使得 X 在某些分解下，可以在 Solid 码上分解；在某些分解下，不能在任何 Solid 码上分解 .

证明：令 $A=\{a,b\}$，

$$X=\{aba^2b^2aba^2b^2a^3bab^2a^3bab^2,aba^2b^2aba^2b^2a^3bab^2aba^2b^2a^3bab^2\}.$$

则 X 存在两种分解：

$$X=Y\circ_{\beta}Z,X=Y'\circ_{\beta'}Z',$$

其中

$$Y=\{c^2d^2,c^2dcd\},Z=\{aba^2b^2,a^3bab^2\},$$

$$Y'=\{cdcdeded, cdcdedcded\}, Z'=\{aba, ab^2, a^3b\},$$

且 $\beta,\beta':B^*\to A^*$ 定义为：

$$\beta(c)=aba^2b^2, \beta(d)=a^3bab^2, \beta'(c)=aba, \beta'(d)=ab^2, \beta'(e)=a^3b.$$

显然，Z 是一个 Solid 码，Z' 不是一个 Solid 码．因此，在某些分解下，X 在 Solid 码上可以分解；在某些分解下，它不能在 Solid 码上分解．

□

下面探讨何种类型的 Solid 码可以在 Solid 码上分解．为此，需定义如下记号：令 Z 为 A 上的一个码，$X\subseteq A^*$．记

$$F(X)=\{u\in A^+ \mid X\cap A^*uA^*\neq\emptyset\}\setminus X,$$

$$alph_Z(X)=\{z\in Z \mid (\exists u,v\in Z^*)uzv\in X\}.$$

定理 3.1.2[77] 令 X 为 A 上一码，Z 为一 Solid 码且 $Z\neq A,X$．则 X 在 Z 上可分解当且仅当 $Z\subseteq F(X)$ 且 $C_Z(X)=\{1\}$．

证明：必要性．令 $X=Y\circ_\beta Z$，其中 $\beta:B^*\to A^*$ 为一单同态，$alph(Y)=B$，$Z\in\mathbf{S}$，$Z\neq A,X$．则 $X=\beta(Y)\subseteq Z^*$ 且 $alph_Z(X)=Z$．因此 $Z\subseteq F(X)$ 且 $C_Z(X)=\{1\}$．

充分性．令 $\beta:B\to Z$ 为一单射．β 提供一个单同态 $\beta^*:B^*\to A^*$，将 β^* 看作 β．令

$$\beta^{-1}(X)=Y.$$

因为 β 是单射且 X 是一个码，根据推论 1.4.3，Y 也是一个码．又因为

$$Z\subseteq F(X)\text{且}C_Z(X)=\{1\},$$

所以 $X\subseteq Z^*$ 且 $alph_Z(X)=Z$．

因此 $X=\beta(Y)$ 且 $alph(Y)=B$，即 $X=Y\circ_\beta Z$，$Z\neq A$，$Z\neq X$．因此，X 在 Solid 码 Z 上是可分解的．

□

进一步地，下面给出一个有限 Solid 码是否能在一个 Solid 码上分解的判定方法．为此，定义偏序“$\leqslant_l$”：

(1)如果 $|x| \neq |y|$,那么 $x \leqslant_l y$ 当且仅当 $|x| \leqslant |y|$;

(2)如果 $|x| = |y|$,那么对所有的 $n \geqslant 1$,$\leqslant_l$ 是 A^n 上的字典序.

易知,$\leqslant_l$ 是 A^* 上的一个全序.

定理 3.1.3[77] 令 X 为一有限 Solid 码,则可以决定 X 是否能在一个 Solid 码上分解.

证明:令 $X = \{x_1 \leqslant_l x_2 \leqslant_l \cdots \leqslant_l x_n\}$. 不妨假设 $n \geqslant 2$. 取

$$u_1^{(1)} \in P_{nt}(x_1) \cap U,$$

且 $u_1^{(1)}$ 是满足此条件的最小长度字. 因为 $\{u_1^{(1)}\}$ 是一个 Solid 码,那么 X 中所有字的 $\{u_1^{(1)}\}$-表示是唯一的. 记

$$Z_1^{(1)} = \{u_1^{(1)}\} \bigcup \left(C_{\{u_1^{(1)}\}}(X) \setminus \bigcup_{k \geqslant 0} (C_{\{u_1^{(1)}\}}(X))^{2+k} \right).$$

易知,$Z_1^{(1)} \subseteq I(X)$. 如果 $Z_1^{(1)}$ 是一个 Solid 码且 $Z_1^{(1)} \neq A$,那么 $C_{Z_1^{(1)}}(X) = \{1\}$,因此,根据命题 3.1.2,X 在 $Z_1^{(1)}$ 上可分解. 如果 $Z_1^{(1)}$ 不是 Solid 码,则取

$$u_2^{(1)} \in P_{nt}(x_1) \cap U$$

且 $u_2^{(1)}$ 是 $(P_{nt}(x_1) \cap U) \setminus u_1^{(1)}$ 中长度最小的字. 令

$$Z_2^{(1)} = \{u_2^{(1)}\} \bigcup \left(C_{\{u_2^{(1)}\}}(X) \setminus \bigcup_{k \geqslant 0} (C_{\{u_2^{(1)}\}}(X))^{2+k} \right).$$

如果 $Z_2^{(1)}$ 不是 Solid 码,那么重复上面的讨论,于是得到 $u_3^{(1)}, u_4^{(1)}, \cdots$ 且

$$|u_3^{(1)}| < |u_4^{(1)}| < \cdots$$

和 $Z_3^{(1)}, Z_4^{(1)}, \cdots$,因为 x_1 的前缀的长度是严格递增的且不会超过 $|x_1|$,所以这个过程不会无限地持续下去. 不妨假设在第 m_1 步终止,那么 $u_{m_1}^{(1)} = x_1, m_1 \geqslant 1$. 接下来考虑 x_2. 取

$$u_1^{(2)} \in P_{nt}(x_2) \cap U,$$

$u_1^{(2)}$ 是满足该条件的最小长度. 由于 $\{u_1^{(2)}\}$ 是一个 Solid 码,因此 $X \setminus \{x_1\}$ 中所有字的 $\{u_1^{(2)}\}$-表示是唯一的. 令

$$Z_1^{(2)}=\{x_1\}\bigcup\{u_1^{(2)}\}\bigcup(C_{\{u_1^{(2)}\}}(X\setminus\{x_1\})\setminus\bigcup_{k\geq 0}(C_{\{u_1^{(2)}\}}(X\setminus\{x_1\}))^{2+k}).$$

如果 $Z_1^{(2)}$ 是一个 Solid 码,那么 $C_{Z_1^{(2)}}(X)=\{1\}$,因此根据命题 3.1.2 有,X 在 $Z_1^{(2)}$ 上可分解. 如果 $Z_1^{(2)}$ 不是一个 Solid 码,可以像上面对 x_1 的讨论一样进行分析. 以此类推,对 $x_3,x_4,\cdots,x_n$ 也做同样的处理. 在这个过程中,如果存在正整数 $i,j,1\leqslant i<m_n,1\leqslant j\leqslant n$ 使得 $Z_i^{(j)}\in\mathbf{S}$ 且 $Z_i^{(j)}\neq A$,那么 X 在 $Z_i^{(j)}$ 上可分解,否则 $Z_m^{(n)}=X$,则 X 不能在任何 Solid 码上分解.

□

例 3.1.1 令 $A=\{a,b\}$ 且

$$X=\{abab^2aba^2b^2,abab^2aba^3b^2\}.$$

分以下几个步骤进行计算:

(1)取 $u_1^{(1)}=a$,则 $Z_1^{(1)}=A$.

(2)取 $u_2^{(1)}=ab$,则 $C_{\{ab\}}(X)=\{a^2,a,b\}$,于是,$Z_2^{(1)}=A$.

(3)取 $u_3^{(1)}=ababab^2$,那么 $C_{\{ababab^2\}}(X)=\{aba^2b^2,aba^3b^2\}$,于是,

$$Z_3^{(1)}=\{ababab^2,aba^2b^2,aba^3b^2\}$$

且 $Z_3^{(1)}\in\mathbf{S}$. 故 X 在 Solid 码 $Z_3^{(1)}$ 上是可分解的.

关于极大 Solid 码的分解,有以下命题:

命题 3.1.5[77] 令 X,Y 为两个码,Z 为一 Solid 码且满足 $X=Y\circ Z$. 如果 X 是极大 Solid 码,那么 Y 和 Z 都是极大 Solid 码.

证明:假定 $X,Z\subseteq A^*$,$Y\subseteq B^*$,$\beta:B^*\to A^*$ 为一单同态且 $\beta(B)=Z$,$\beta(Y)=X$.

根据命题 3.1.1,Y 是一个 Solid 码. 如果 Y 不是极大的,那么存在 $y\in A^*\setminus Y$ 使得 $Y\cup\{y\}$ 是一个 Solid 码. 因为 β 是一单同态,$\beta(y)\notin X$ 且 $\beta(Y\cup\{y\})=X\cup\{\beta(y)\}$. 由引理 3.1.2,

$$X\cup\{\beta(y)\}$$

是 A 上的一个 Solid 码,这与 X 是一个极大 Solid 码矛盾.

如果 Z 不是 A 上的一个极大 Solid 码，那么存在 $z'\in A^*\setminus Z$ 使得 $Z\cup\{z'\}$ 仍然是一个 Solid 码．令 $b'=\beta^{-1}(z')$，那么 $b'\notin B$，而 $Y\subseteq B^*$，于是 $b'\notin Y$，因此 $z'\notin X$ 和 $Y\cup\{b'\}$ 也是一个 Solid 码．再根据引理 3.1.2，$X\cup\{z'\}$ 也是 A 上的一个 Solid 码，矛盾．

□

定理 3.1.4[77] 令 X 为 A 上一极大 Solid 码，Z 为一 Solid 码且 $Z\neq A,X$. 则 X 可在 Z 上分解当且仅当 $A^*\subseteq Z^*$.

证明：必要性．因为 X 在 Solid 码 Z 上是可分解的，所以存在码 Y，$alph(Y)=B$，$Y\neq B$，$Y\neq X$ 使得 $X=Y\circ Z$，从而 $X\subseteq Z^*$，因此 $A^*\subseteq Z^*$.

充分性．假定 $A^*\subseteq Z^*$．那么 $X\subseteq Z^*$．令 $\overline{Z}=alph_Z(X)$．因此 $X\subseteq\overline{Z}^*$，$C_{\overline{Z}}(X)=\{1\}$．显然，$\overline{Z}\subseteq Z$. 根据命题 3.1.2，$X$ 在 Solid 码 $\overline{Z}$ 上是可分解的．由命题 3.1.5 知，$\overline{Z}$ 是一个极大 Solid 码．而 $\overline{Z}\subseteq Z$，因此 $\overline{Z}=Z$.

□

3.2 Solid 码与其他码类的乘积

下面的结果推广了引理 3.1.3 给出的两个不交语言的乘积是 Solid 码的充分条件．

命题 3.2.1[77] 令 X,Y 为 A 上两个不交的非空语言．如果 $X\cup Y$ 是一个无重叠的后缀码，且 X 和 Y 都是内缀码，那么 XY 是一个 Solid 码．

证明：因为 X 和 Y 是内缀码，根据引理 3.2.1，所以 XY 也是一个内缀码．如果 XY 不是一个 Solid 码，那么存在 $x_1,x_2\in X$，$y_1,y_2\in Y$ 使得

$$uv=x_1y_1,\ vw=x_2y_2,\ u,v,w\in A^+,$$

分以下三种情况进行讨论:

情形 1 当 $|u|>|x_1|$ 时,则存在 $z_1\in A^+$ 使得 $u=x_1z_1,y_1=z_1v$.

(1)如果 $|v|>|x_2|$,那么 $v=x_2z_2,y_2=z_2w,z_2\in A^+$. 于是,$y_1=z_1x_2z_2$,因此,$P_{nt}(y_2)\cap S_{nt}(y_1)\neq\emptyset$,矛盾.

(2)如果 $|v|=|x_2|$,那么 $v=x_2$,因此,$y_1=z_1x_2$,矛盾.

(3)如果 $|v|<|x_2|$,那么 $x_2=vz_3,z_3\in A^+$,因此,$P_{nt}(x_2)\cap S_{nt}(y_1)\neq\emptyset$,矛盾.

情形 2 当 $|u|=|x_1|$ 时,有 $u=x_1,v=y_1$,于是,$y_1w=vw=x_2y_2$. 因为 $X\cup Y$ 是一个双缀码,所以 $y_1=x_2$,矛盾.

情形 3 当 $|u|<|x_1|$ 时,有 $x_1=uz_4,v=z_4y_1,z_4\in A^+$.

(1)如果 $|v|>|x_2|$,根据情形 1(1),有 $v=x_2z_2,y_2=z_2w,z_2\in A^+$,因此,$v=x_2z_2=z_4y_1$. 当 $|x_2|>|z_4|$ 时,有 $y_1=z_5z_2,z_5\in A^+$,因此,$P_{nt}(y_2)\cap S_{nt}(y_1)\neq\emptyset$,矛盾;当 $|x_2|=|z_4|$ 时,有 $y_2=y_1w$,矛盾;当 $|x_2|<|z_4|$ 时,有 $z_4=x_2z_6,z_2=z_6y_1$,$z_6\in A^+$,于是,$x_1=ux_2z_6,y_2=z_6y_1w$,矛盾.

(2)如果 $|v|=|x_2|$,那么 $v=x_2$,于是 $v=x_2=z_4y_1$,矛盾.

(3)如果 $|v|<|x_2|$,根据情形 1(3),那么 $x_2=vz_3,z_3\in A^+$,于是,$x_2=z_4y_1z_3$,因此,$P_{nt}(x_2)\cap S_{nt}(x_1)\neq\emptyset$,矛盾.

故 XY 是一个 Solid 码.

□

注 3.2.1 (1)令 $A=\{a,b,c\}$,$X=\{ab,ac\}$,$Y=\{a^2cbc\}$. 容易验证,$X\cup Y$ 是一个无重叠的后缀码,X 和 Y 都是内缀码,$XY=\{aba^2cbc,aca^2cbc\}$ 是一个 Solid 码,但 $X\cup Y$ 不是一个 Solid 码因为 $X\cup Y$ 不是一个内缀码. 换句话说,命题 3.2.1 提供了一个比引理 3.1.3 相对更弱的条件使得 XY 是 Solid 码.

(2)命题 3.2.1 的逆不一定成立. 例如,令 $A=\{a,b,c\}$,$X=\{abc^2b^2,c^2b\}$,$Y=\{ab^2\}$. 容易验证 $X\cup Y$ 是一个无重叠的后缀码,XY 是 Solid 码,但 X 不是内缀码.

下面讨论两个语言的乘积是 Solid 码的一系列条件．为此，先做如下准备：

引理 3.2.1[20,124] 内、外缀码族在乘积运算下封闭．

引理 3.2.2[120] 令 $L_i, i=1,2,\cdots,n$，为 A 上的非空语言．则下两款成立：

(1)如果 $L_1L_2\cdots L_n$ 是一个前缀码，那么 $L_2\cdots L_n, L_3L_4\cdots L_n, \cdots, L_n$ 都是前缀码．

(2)如果 $L_1L_2\cdots L_n$ 是一个后缀码，那么 $L_1, L_1L_2, L_1L_2\cdots L_{n-1}$ 都是后缀码．

引理 3.2.3[3] 令 X 为 A 上一有限极大码．则关于 A 中的每个字母 a，都存在一个正整数 n，使得 $a^n \in X$.

引理 3.2.4[3] 令 X 为 A 上一稀疏语言．则 X 是极大前缀(极大后缀、极大双缀)码当且仅当 X 是前缀(后缀、双缀)码且是极大码．

称 A 上的一个语言 X 为右移语言(左移语言)的，如果 $A^*X \subseteq XA^*$ ($XA^* \subseteq A^*X$)．如果 X 是一个前缀码，且 $A^+X \subseteq XA^+$ ($XA^+ \subseteq A^+X$)，那么 X 称为严格右信号码(严格左信号码)．

引理 3.2.5[50] 令 X 为 A 上一非空语言，则以下三款等价：

(1)X 是严格右信号码．

(2)$X=A^n$，其中 $n \geqslant 1$，即，X 是一个一致码．

(3)X 是严格左信号码．

命题 3.2.2[77] 如果 X 为 A 上一有限极大前缀(有限极大后缀、有限极大双缀)码，那么对于 A 上的任意语言 Y，XY 都不是 Solid 码．

证明：根据引理 3.2.4，Y 是一个有限极大码．又由引理 3.2.3 可知，对于任意 $a \in A$，都存在一个正整数 n，使得 $a^n \in Y$，即关于任意 $a \in A$，a 是 Y 中某个字的后缀．因此，对于 A 上的任意语言 X，XY 都不是无重叠的．因此，XY 不是一个 Solid 码．

□

命题 3.2.3[77] 如果 Y 为 A 上一严格右移语言，那么对于 A 上的任意语言 X，XY 都不是 Solid 码.

证明：假设存在 A 上的一个非空语言 X 使得 XY 是一个 Solid 码. 根据 Solid 码的定义，XY 是一个前缀码. 根据引理 3.2.2，Y 也是一个前缀码，那么 Y 是一个严格右信号码. 根据引理 3.2.5，Y 是一个一致码，那么对于任意 $a \in A$，a 是 Y 中某个字的后缀，这与 XY 是一个 Solid 码矛盾.

□

类似地，有以下命题：

命题 3.2.4[77] 如果 X 为 A 上一严格左移语言，那么对于 A 上的任意语言 Y，XY 都不是 Solid 码.

令 $X \subseteq A^+$. 记

$$\overline{P}_{nt}(X) = \Big(\bigcup_{x \in P_{nt}(X)} Xx^{-1}\Big) \setminus \{1\},$$

$$\overline{S}_{nt}(X) = \Big(\bigcup_{x \in S_{nt}(X)} x^{-1}X\Big) \setminus \{1\}.$$

定理 3.2.1[77] 令 $X, Y \subseteq A^+$，$X \cap Y = \emptyset$，且 $X \cup Y$ 为一个内缀码. 则 XY 是 Solid 码当且仅当下两条件成立：

(1) $P_{nt}(X) \cap S_{nt}(Y) = \emptyset$.

(2) $\overline{S}_{nt}(X) \cap \overline{P}_{nt}(Y) = \emptyset$.

证明：必要性. (1)是显然的. 下证 $\overline{S}_{nt}(X) \cap \overline{P}_{nt}(Y) = \emptyset$. 如果 $\overline{S}_{nt}(X) \cap \overline{P}_{nt}(Y) \neq \emptyset$，取 $w \in \overline{S}_{nt}(X) \cap \overline{P}_{nt}(Y)$，那么存在 $u, v, s, t \in A^+$ 使得 $uv, vw \in X$，$ws, st \in Y$，因此，$uvws, vwst \in XY$，这与 XY 是一个 Solid 码矛盾.

充分性. 因为 $X \cup Y$ 是一个内缀码，所以 X 和 Y 都是内缀码，因此，根据引理 3.2.1，XY 也是一个内缀码. 如果 XY 是无重叠的，那么存在 $x_1, x_2 \in X$，$y_1, y_2 \in Y$ 使得 x_1y_1 与 x_2y_2 重叠. 又因 $X \cup Y$ 是一个内缀码，那么有以下两种情形，分别如图 3-1 和图 3-2 所示：

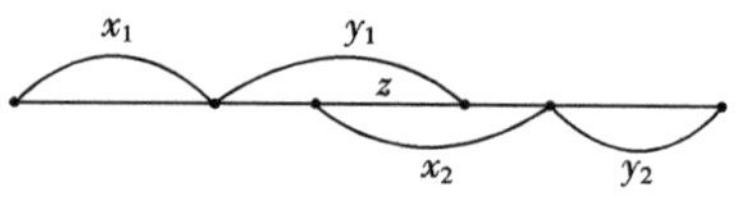

图 3-1 情形 1

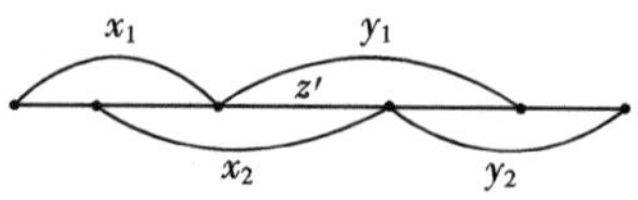

图 3-2 情形 2

从图 3-1 和图 3-2 可以看出

$$z \in P_{nt}(X) \cap S_{nt}(Y), z' \in \overline{S}_{nt}(X) \cap \overline{P}_{nt}(Y),$$

矛盾. 所以,XY 是无重叠的. 因此,XY 是一个 Solid 码.

定理 3.2.2[77] 令 X,Y 为 A 上的两个 Solid 码. 则以下四款等价:

(1)XY 是无重叠的.

(2)$XY \subseteq U$.

(3)$(\forall m,n \geqslant 1)X^mY^n$ 是无重叠的.

(4)$(\exists m,n \geqslant 1)X^mY^n$ 是无重叠的.

证明:(1)⇒(2)根据无边字和无重叠语言的定义,立得.

(2)⇒(3)因为 X,Y 都是内缀码,根据引理 3.2.1,有

$$(\forall m,n \geqslant 1)X^mY^n \text{ 是一个内缀码}.$$

又由命题 1.3.6 可知,$X^+Y^+ \subseteq U$,于是,

$$(\forall m,n \geqslant 1)X^mY^n \subseteq U.$$

如果存在 $m,n \geqslant 1$ 使得 X^mY^n 是无重叠的,那么根据定理 3.1.1,$(X^mY^n)^{[2]} \nsubseteq U$,因此存在 $u,v \in X^mY^n, u \neq v$ 使得 $uv \notin U$. 根据引理 1.3.4,存在 $w \in A^+, z \in A^+$,使得 $uv = wzw$. 令

$$u = x'_1 \cdots x'_m y'_1 \cdots y'_n,$$

$$v=x_1x_2\cdots x_my_1\cdots y_n,$$

其中$x'_1,\cdots,x'_m,x_1,\cdots,x_m\in X,y'_1,y'_2,\cdots,y'_n,y_1,\cdots,y_n\in Y$. 因此,

$$x'_1\cdots x'_my'_1\cdots y'_nx_1x_2\cdots x_my_1\cdots y_n=wzw. \tag{3.1}$$

如果$|w|>|x_1x_2\cdots x_my_1\cdots y_n|$,那么存在$z'\in A^+$使得$w=z'x_1x_2\cdots x_my_1\cdots y_n$,于是,

$$x'_1\cdots x'_my'_1\cdots y'_n=z'(x_1x_2\cdots x_my_1\cdots y_nz)z',$$

这与$X^mY^n\subseteq U$矛盾. 所以,$|w|\leqslant|x_1x_2\cdots x_my_1\cdots y_n|$. 类似地,我们有

$$|w|\leqslant|x'_1x'_2\cdots x'_my'_1\cdots y'_n|.$$

因此,对于式(3.1),有以下两种情形:

情形1 当$w=v_1x_{i+1}\cdots x_my_1\cdots y_n,1\leqslant i\leqslant m,v_1\in S_{nt}(x_i)\cup\{x_i\}$时.

如果$w=x'_1x'_2\cdots x'_{j-1}u_1,1\leqslant j\leqslant m,u_1\in P_{nt}(x'_j)\cup\{x'_j\}$,那么

$$w=v_1x_{i+1}\cdots x_my_1\cdots y_n=x'_1x'_2\cdots x'_{j-1}u_1.$$

显然,$u_1\in S_{nt}(x_ix_{i+1}\cdots x_my_1\cdots y_n)$. 而$u_1\in P_{nt}(x'_j)\cup\{x'_j\}$,于是,

$$X^+Y^+\ni x'_jx_ix_{i+1}\cdots x_my_1\cdots y_n\notin U,$$

矛盾.

如果$w=x'_1x'_2\cdots x'_my'_1\cdots y'_{j-1}u_2,1\leqslant j\leqslant n,u_2\in P_{nt}(y'_j)\cup\{y'_j\}$,那么

$$w=v_1x_{i+1}\cdots x_my_1\cdots y_n=x'_1x'_2\cdots x'_my'_1\cdots y'_{j-1}u_2.$$

如果$v_1\neq x_i$,由X是一个内缀码知,$|x'_1|>|v_1|$,但此时,$P_{nt}(x'_1)\cap S_{nt}(x_i)\neq\emptyset$,这与$X$是无重叠的矛盾. 因此,$v_1=x_i$,即

$$x_ix_{i+1}\cdots x_my_1\cdots y_n=x'_1x'_2\cdots x'_my'_1\cdots y'_{j-1}u_2.$$

又因X是一个内缀码,所以$x_i=x'_1$,同理,$x_{i+1}=x'_2,\cdots,x_m=x'_{m-i+1}$. 于是,

$$y_1y_2\cdots y_n=x'_{m-i+2}\cdots x'_my'_1\cdots y'_{j-1}u_2.$$

容易看出,

$$y_1y_2\cdots y_n\in P_{nt}(x'_{m-i+2}\cdots x'_my'_1\cdots y'_{j-1}y'_j)\cup\{x'_{m-i+2}\cdots x'_my'_1\cdots y'_{j-1}y'_j\},$$

从而,

$$X^+Y^+ \ni x'_{m-i+2}\cdots x'_m y'_1\cdots y'_{j-1}y'_j y_1\cdots y_n \notin U,$$

矛盾.

情形 2 当 $w=v_2y_{i+1}\cdots y_n, 1\leqslant i\leqslant n, v_2\in S_{nt}(y_i)\cup\{y_i\}$ 时.

如果 $w=x'_1x'_2\cdots x'_{j-1}u_1, 1\leqslant j\leqslant m, u_1\in P_{nt}(x'_j)\cup\{x'_j\}$,那么

$$w=v_2y_{i+1}\cdots y_n=x'_1x'_2\cdots x'_{j-1}u_1.$$

显然,$v_2\in P_{nt}(x'_1x'_2\cdots x'_{j-1}x'_j)\cup\{x'_1x'_2\cdots x'_{j-1}x'_j\}$. 但 $v_2\in S_{nt}(y_i)\cup\{y_i\}$,于是,

$$X^+Y^+ \ni x'_1x'_2\cdots x'_{j-1}x'_j y_i \notin U,$$

矛盾.

如果 $w=x'_1x'_2\cdots x'_m y'_1\cdots y'_{j-1}u_2, 1\leqslant j\leqslant n, u_2\in P_{nt}(y'_j)\cup\{y'_j\}$,那么

$$w=v_2y_{i+1}\cdots y_n=x'_1x'_2\cdots x'_m y'_1\cdots y'_{j-1}u_2.$$

易知,$v_2\in P_{nt}(x'_1x'_2\cdots x'_m y'_1\cdots y'_{j-1}y'_j)$. 而 $v_2\in S_{nt}(y_i)\cup\{y_i\}$,于是,

$$X^+Y^+ \ni x'_1x'_2\cdots x'_m y'_1\cdots y'_{j-1}y'_j y_i \notin U,$$

矛盾.

(3)⇒(4)显然.

(4)⇒(1)如果 $(m,n)=(1,1)$,结论成立. 如果 $(m,n)\neq(1,1)$,若能证得下两个蕴含成立:

$$\text{"}(\forall m\geqslant 2, n\geqslant 1, m,n\geqslant 1)X^mY^n\in \mathbf{OF}\Rightarrow X^{m-1}Y^n\in\mathbf{OF}\text{"}, \tag{3.2}$$

$$\text{"}(\forall m\geqslant 1, n\geqslant 2, m,n\geqslant 1)X^mY^n\in \mathbf{OF}\Rightarrow X^{m}Y^{n-1}\in\mathbf{OF}\text{"}, \tag{3.3}$$

由归纳法,即可证得 $XY\in\mathbf{OF}$.

这里仅证明式(3.2)、式(3.3)同理. 假定 $X^mY^n\in\mathbf{OF}, m\geqslant 2, n\geqslant 1$,则 $X^mY^n\subseteq U$. 如果 $X^{m-1}Y^n$ 是无重叠的,那么存在 $u,v\in X^{m-1}Y^n$ 使得 $u=rw, v=ws, r,w,s\in A^+$. 令

$$u=rw=x_1x_2\cdots x_{m-1}y_1\cdots y_n,$$

$$v=ws=x'_1x'_2\cdots x'_{m-1}y'_1\cdots y'_n.$$

其中 $x_1,x_2,\cdots,x_{m-1},x'_1,\cdots,x'_{m-1}\in X, y_1,y_2,\cdots,y_n,y'_1,\cdots,y'_n\in Y$.

首先，当 $w=s_1x_{i+1}\cdots x_{m-1}y_1\cdots y_n, 1\leqslant i\leqslant m-1, s_1\in S_{nt}(x_i)\cup\{x_i\}$ 时．

如果 $w=x'_1\cdots x'_{j-1}r_1, 1\leqslant j\leqslant m-1, r_1\in P_{nt}(x'_j)\cup\{x'_j\}$，那么

$$w=s_1x_{i+1}\cdots x_{m-1}y_1\cdots y_n=x'_1\cdots x'_{j-1}r_1.$$

易知，$r_1\in S_{nt}(x_ix_{i+1}\cdots x_{m-1}y_1\cdots y_n)$．而 $r_1\in P_{nt}(x'_j)\cup\{x'_j\}$，于是，有

$$X^mY^n\ni\overbrace{x'_j\cdots x'_j}^{i}x_ix_{i+1}\cdots x_{m-1}y_1\cdots y_n\notin U,$$

矛盾．

如果 $w=x'_1\cdots x'_{m-1}y'_1\cdots y'_{j-1}r_2, 1\leqslant j\leqslant n, r_2\in P_{nt}(y'_j)\cup\{y'_j\}$，那么

$$w=s_1x_{i+1}\cdots x_{m-1}y_1\cdots y_n=x'_1\cdots x'_{m-1}y'_1\cdots y'_{j-1}r_2.$$

若 $s_1\neq x_i$，因 X 是一个内缀码，则 $|x_{1'}|>|s_1|$，但此时，$P_{nt}(x'_1)\cap S_{nt}(x_i)\neq\emptyset$，这与 X 是无重叠的矛盾．因此 $s_1=x_i$．同理，$r_2=y'_j$，因此，

$$x_ix_{i+1}\cdots x_{m-1}y_1\cdots y_{n-1}y_n=x'_1x'_2\cdots x'_{m-1}y'_1\cdots y'_{j-1}y'_j.$$

又因 X 和 Y 都是内缀码，故 $x_i=x'_1, y'_j=y_n$，类似地，有

$$x_{i+1}=x'_2,\cdots,x_{m-1}=x_{m-i}',y'_{j-1}=y_{n-1},\cdots,y'_1=y_{n-j+1},$$

因此，$y_1y_2\cdots y_{n-j}=x'_{m-i+1}\cdots x'_{m-1}$．于是，有

$$X^mY^n\ni x'_{m-i+1}\cdots x'_{m-1}\overbrace{x_1\cdots x_1}^{m-i+1}\overbrace{y_1\cdots y_1}^{j}y_1y_2\cdots y_{n-j}\notin U,$$

矛盾．

其次当 $w=s_2y_{i+1}\cdots y_n, 1\leqslant i\leqslant n, s_2\in S_{nt}(y_i)\cup\{y_i\}$ 时．

如果 $w=x'_1\cdots x'_{j-1}r_1, 1\leqslant j\leqslant m-1, r_1\in P_{nt}(x'_j)\cup\{x'_j\}$，那么

$$w=s_2y_{i+1}\cdots y_n=x'_1\cdots x'_{j-1}r_1.$$

易知，$s_2\in P_{nt}(x'_1\cdots x_{m-1}')\cup\{x'_1\cdots x_{m-1}\}$．而 $s_2\in S_{nt}(y_i)\cup\{y_i\}$，于是，有

$$X^mY^n\ni x'_1\cdots x_{m-1}'x'_1\overbrace{y_1\cdots y_1}^{n-1}y_i\notin U,$$

矛盾．

如果 $w=x'_1\cdots x'_{m-1}y'_1\cdots y'_{j-1}r_2, 1\leqslant j\leqslant n, r_2\in P_{nt}(y'_j)\cup\{y'_j\}$，那么

$$w = s_2 y_{i+1} \cdots y_n = x'_1 \cdots x'_{m-1} y'_1 \cdots y'_{j-1} r_2.$$

那么 $i \neq n$. 否则,有 $P_{nt}(y'_j) \cap S_{nt}(y_n) \neq \emptyset$,或者 $y'_j \in I(y_n)$ 且 $y'_j \neq I(y_n)$,这两种情形都与 Y 是一个 Solid 码矛盾. 若 $r_2 \neq y'_j$,则 $|r_2| < |y_n|$,因为 Y 是一个内缀码,所以

$$P_{nt}(y'_j) \cap S_{nt}(y_n) \neq \emptyset,$$

矛盾. 因此,$r_2 = y'_j$,即

$$s_2 y_{i+1} \cdots y_{n-1} y_n = x'_1 \cdots x'_{m-1} y'_1 \cdots y'_{j-1} y'_j.$$

因为 Y 是一个内缀码,所以 $y'_j = y_n, y'_{j-1} = y_{n-1}, \cdots, n-i \geqslant j$. 于是,有

$$s_2 y_{i+1} \cdots y_{n-j} = x'_1 \cdots x'_{m-1},\text{或者} s_2 = x'_1 \cdots x'_{m-1}.$$

对于前者,注意到 $x'_1 \cdots x'_{m-1} \in S_{nt}(y_i y_{i+1} \cdots y_{n-j}) \cup \{y_i y_{i+1} \cdots y_{n-j}\}$,因此

$$X^m Y^n \ni x'_1 \cdots x'_{m-1} x'_{m-1} \overbrace{y_i \cdots y_i}^{i+j} y_{i+1} \cdots y_{n-j} \notin U,$$

矛盾. 对于后者,注意到 $s_2 \in S_{nt}(y_i) \cup \{y_i\}$,因此有

$$X^m Y^n \ni x'_1 \cdots x'_{m-1} x'_{m-1} \overbrace{y_i \cdots y_i}^{n} \notin U,$$

矛盾.

故 $X^{m-1} Y^n \in \mathbf{OF}$,即式(3.2)成立.

□

由引理 3.1.1 和引理 3.2.1,易得以下推论:

推论 3.2.1[77] 令 X, Y 为 A 上的两个 Solid 码. 则以下三款等价:

(1) XY 是一个 Solid 码.

(2) $(\forall m, n \geqslant 1) X^m Y^n$ 是一个 Solid 码.

(3) $(\exists m, n \geqslant 1) X^m Y^n$ 是一个 Solid 码.

根据引理 3.1.3 和定理 3.2.1,有:

推论 3.2.2[77,79] 令 X, Y 为 A 上两个不交非空语言. 如果 $X \cup Y$ 是一个 Solid 码,那么关于任意 $m, n \geqslant 1$, $X^m Y^n$ 也是一个 Solid 码.

利用 Solid 码的复合，下面给出推论 3.2.2 的另一个更为简单的证明：

证明：令 B 为一字母表且可以做一双射映到 Z，$B=C\cup D$ 是 B 的一个分划且由 $Z=X\cup Y$ 诱导，记 $Q=X^mY^n$. 那么

$$Q=C^mD^n\circ Z.$$

关于任意正整数 m,n，C^mD^n 是一个 Solid 码，因此，根据引理 3.1.2，Q 也是一个 Solid 码.

命题 3.2.5 令 X 和 Y 为 A 上的非空语言，$\{X_i\mid i\in I\}$，$\{Y_i\mid i\in I\}$ 分别是 X 和 Y 的一个分划. 记

$$Z=\cup_{i\in I}X_iY_i.$$

(1) 如果 X_i 和 Y_i 都是内缀码，$i\in I$，$X\cup Y$ 是一个无重叠的后缀码，那么 Z 是一个 Solid 码.

(2) 如果 $X\cup Y$ 是一个 Solid 码，那么 Z 也是一个 Solid 码.

(3) 如果 X 和 Y 都是内缀码，$X\cup Y$ 是一个无重叠的后缀码，那么 Z 是一个 Solid 码.

(4) 如果 Z 是一个 Solid 码，X_i 是左移前缀码，$i\in I$，那么 Y_i 是 Solid 码，$i\in I$.

证明：(1) 首先证明 Z 是一个内缀码. 如果 Z 不是内缀码，那么存在 $u,v\in A^*$，$uv\neq 1$ 使得 $z,uzv\in Z$. 令

$$z=x_iy_i,uzv=x_jy_j,i,j\in I,x_i\in X_i,x_j\in X_j.$$

因此，$x_jy_j=ux_iy_iv$. 如果 $|x_j|\leqslant|ux_i|$，那么 $y_i\in I(y_j)$；如果 $|x_j|>|ux_i|$，那么 $x_i\in I(x_j)$，这分别与 Y_i 和 X_i 是内缀码矛盾. 故 Z 是内缀码.

其次证明 Z 是无重叠的. 根据命题 3.2.1 可知，关于 $i\in I$，X_iY_i 是 Solid 码. 若 Z 是重叠的，则存在 $u,v,w\in A^+$ 使得 $uv,vw\in Z$. 令

$$uv=x_iy_i,vw=x_jy_j,i,j\in I,i\neq j,x_i\in X_i,y_i\in Y_i,x_j\in X_j,y_j\in Y_j.$$

下面分两种情形讨论：

情形 1 如果 $|u|\geqslant|x_i|$，那么存在 $z_1\in A^*$ 使得 $y_i=z_1v$.

(i)当 $|v|>|x_j|$ 时,则存在 $z_2\in A^+$ 使得 $v=x_jz_2,y_j=z_2w$. 于是,$y_i=z_1x_jz_2$,因此,$z_2\in P(y_j)\cap S(y_i)$,矛盾.

(ii)当 $|v|=|x_j|$ 时,有 $v=x_j$,于是,$y_i=z_1x_j$,矛盾.

(iii)当 $|v|<|x_j|$,有 $x_j=vz_2,z_2\in A^+$. 因此,$v\in P(x_j)\cap S(y_i)$,矛盾.

情形 2 如果 $|u|<|x_i|$,那么 $x_i=uz_1,v=z_1y_i,z_1\in A^+$.

(i)当 $|v|>|x_j|$ 时,则存在 $z_2\in A^+$ 使得 $v=x_jz_2,y_j=z_2w$. 那么 $v=x_jz_2=z_1y_i$. 若 $|z_1|>|x_j|$,则 $z_1=x_jz_3,z_2=z_3y_i,z_3\in A^+$,于是,$z_3\in P(y_j)\cap S(x_i)$,矛盾. 若 $|z_1|=|x_j|$,则 $z_1=x_j$,那么 $x_i=ux_j$,矛盾. 若 $|z_1|<|x_j|$,则 x_j 与 y_i 重叠,矛盾.

(ii)当 $|v|=|x_j|$ 时,有 $v=x_j$,于是,$x_j=z_1y_i$,矛盾.

(iii)当 $|v|<|x_j|$ 时,存在 $z_2\in A^+$ 使得 $x_j=vz_2$,因此,$x_j=vz_2=z_1y_iz_2$. 此时,$z_1\in P(x_j)\cap S(x_i)$,矛盾.

综上,Z 是一个 Solid 码.

(2)与(3)都可由(1)得到.

(4)的证明如下:

首先,证明 Y_i 是内缀码,$i\in I$. 令 $y,uyv\in Y_i,x\in X_i$. 则 $xy,xuyv\in X_iY_i$. 因此存在 $x_i\in X_i,y_i\in Y_i$ 使得 $xuyv=x_iy_i$. 因为 X_i 是左移语言,$i\in I$,所以存在 $x'\in X_i$,$u'\in A^*$ 使得 $xu=u'x'$,于是,有

$$u'x'yv=x_iy_i\in X_iY_i\cap A^*X_iY_iA^+.$$

因为 Z 是一个 Solid 码,所以 $u'=v=1$. 而 X_i 是前缀码,所以 $u=1$. 因此,Y_i 是内缀码,$i\in I$.

其次,证明 Y_i 是无重叠的,$i\in I$. 假设 Y_i 是重叠的,则存在 $u,v,w\in A^+$ 使得 $uv,vw\in Z$. 令 $uv=y_i,vw=y_j,x_i\in X_i$. 因为 X_i 是左移前缀码,$i\in I$,所以存在 $x_{i'}\in X_i,u'\in A^+$ 使得$(x_iu)(vw)=u'x_{i'}(vw)$,于是,有

$$xuvw(=(xuv)w=u'(x_{i'}vw))$$

至少有两个 Z-表示,这与 Z 是一个 Solid 码矛盾.

□

3.3 d-码的刻画

定义 3.3.1 令 $L\subseteq A^+$. L 称为 d-码,如果 L 是双缀码且 $P_{nt}(L)\cap S_{nt}(L)=\emptyset$.

每个 d-码的子集仍然是 d-码. 记字母表 A 上的 d-码构成的集为 $C_d(A)$,或者简记为 C_d.

令 $w=a_1a_2\cdots a_n$, $a_i\in A$, $i=1,2,\cdots,n$. 则 $\widetilde{w}=a_n\cdots a_2a_1$ 称为 w 的镜像, $\widetilde{L}=\{\widetilde{w}\mid w\in L\}$ 称为 L 的镜像. 显然,如果 $u=xy$, $x,y\in A^+$,那么 $\widetilde{u}=\widetilde{y}\widetilde{x}$. 根据 d-码定义有以下的命题:

命题 3.3.1[9] 令 L 是 A 上的一个语言. 则下述五款等价:

(1) L 是 d-码.

(2) 对任意 $u,v\in L$ 且 $u\neq v$,有 $L\subseteq U$, $\overline{P}(u)\cap\overline{S}(v)=\emptyset$.

(3) 对任意 $u,v\in L$, $\overline{P}(u)\cap\overline{S}(v)=\emptyset$.

(4) $P_{nt}(L)\cap\overline{S}(L)=\emptyset$, $S_{nt}(L)\cap L=\emptyset$ 或 $\overline{P}(L)\cap S_{nt}(L)=\emptyset$, $P_{nt}(L)\cap L=\emptyset$.

(5) $\widetilde{L}$ 是 d-码.

由定义可知, d-码中的字都是无重叠的. 根据 d-码定义和命题 1.3.6,有如下命题:

命题 3.3.2[9] 令 $X,Y\subseteq A^+$, X 和 Y 均是 d-码. 则 $XY\subseteq U$ 当且仅当 $X^+Y^+\subseteq U$.

命题 3.3.3[9] 令 L 是一个 d-码. 对于任意 $u,v\in L$, $u\neq v$,有 $uv\in U$.

证明: 令 L 是一个 d-码. 假设存在 $u,v\in L$ 且 $u\neq v$ 使 $uv\notin U$. 那么存在 $x\in$

$A^+, y\in A^*$ 使得 $uv=xyx$.

情形 1 若 $|u|<|x|$,那么存在 $y_1\in A^+$ 使得 $x=uy_1, v=y_1yx$. 因此我们有 $v=y_1yuy_1$,这与 L 是一个 d-码矛盾 .

情形 2 若 $|u|\geqslant|x|$,那么存在 $y_2\in A^*$ 使得 $u\leqslant_p xy<_p uv, u=xy_2$. 因此存在 $y_3\in A^+$ 使得 $v=y_3x$. 显然,$x\in\overline{P}(u)\cap S_{nt}(v)$. 矛盾 .

□

注 3. 3. 1 上面命题的逆命题不成立 . 例如,令 $A=\{a,b\}, L=\{aba,bbb\}$. 显然,

$$uv=ababbb\in U, \text{但 } L=\{aba,bbb\}\notin C_d.$$

命题 3. 3. 4[9] 令 $u\neq v\in A^+$. 那么 $L=\{u,v\}$ 是一个 d-码当且仅当

$$u,v\in U, u^+v^+, v^+u^+\subseteq U.$$

证明:($\Leftarrow$)假设 $L=\{u,v\}$ 不是一个 d-码 . 因为 $u,v\in U$,又由命题 3. 3. 2,我们有

$$\overline{P}(u)\cap\overline{S}(v)\neq\varnothing \text{ 或者 } \overline{P}(v)\cap\overline{S}(u)\neq\varnothing \text{ 成立}.$$

对于前者,我们令 $z_1\in\overline{P}(u)\cap\overline{S}(v)$,那么存在 $x_1,y_1\in A^*$ 且 $x_1y_1\neq1$ 使得

$$u=z_1x_1, v=y_1z_1.$$

因此,$uv=z_1x_1y_1z_1$,这与 $u^+v^+\subseteq U$. 类似地,对于后者,我们也可得到矛盾的结论 .

($\Rightarrow$)由命题 1. 3. 6 和命题 3. 3. 3 可得 .

□

命题 3. 3. 5[9] 令 $L\subseteq A^+$ 是一个有限 d-码,那么存在 $u,v\in A^+$ 使得 uLv 是一个 d-码 .

证明:令 $L=\{u_1,\cdots,u_n\}, m=\max\{|u_i|\mid u_i\in L, i=1,2,\cdots,n\}, u=a^m, v=b$, 其中 $a,b\in X, a\neq b$. 则 a^mLb 是一个 d-码 .

□

命题 3. 3. 6[9] 所有的 d-码构成的集族在并、+、补、乘积、同态或者非擦除

同态运算下不封闭．

证明：所有的 d-码构成的集族在+和补运算下不封闭是显然的．设 $A=\{a,b\}$，

$$X_1=\{aabb\} \text{和} X_2=\{ab\}$$

都是 d-码，但 $X_1 \cup X_2$ 不是 d-码．$X_3=\{aabb,aaab\}$ 和 $X_4=\{bbaa,bbba\}$ 是 d-码，但 $\{aabbbbaa\} \subset X_3X_4$，因此 X_3X_4 不是 d-码．令 $h:A^* \to A^*$ 是非消除同态且 $h(a)=h(b)=c, c\in A^+$，

$$X_3=\{aabb,aaab\}$$

是 d-码，但 $h(X_3)=\{c^4\}$ 不是 d-码．

□

定理 3.3.1　令 X 和 Y 是 A 上的两个非空语言．则 $X\cup Y$ 是 d-码当且仅当下列两个条件成立：

(1) X 和 Y 均是 d-码．

(2) XY 和 YX 均是 d-码．

证明：($\Rightarrow$) 若 $X\cup Y$ 是 d-码，那么 X 和 Y 均是 d-码，因此 $X,Y\in B$. 因此由引理 3.2.1，知 $XY\in B$. 接下来我们说明 XY 和 YX 均是 d-码．

不失一般性，我们说明 XY 是 d-码．显然，$X,Y\subseteq U$. 假设 $XY\notin C_d(X)$，那么存在 $u,v\in XY, x\in A^+$ 使得 $x<_p u$ 且 $x<_s v$. 我们考虑 $u=v$ 和 $u\neq v$.

(1) 若 $u=v$，那么存在 $y_1\in A^*$，$a_1\in X$ 和 $b_1\in Y$ 使得 $u=a_1b_1=xy_1x$.

(i) 如果存在 $z_1\in A^+$ 使得 $x=a_1z_1$，那么 $b_1=z_1y_1x=z_1y_1a_1z_1$. 则 $z_1\in P_{nt}(Y)\cap S_{nt}(Y)$，这与 Y 是一个 d-码矛盾．

(ii) 如果 $x=a_1$，那么 $b_1=y_1x=y_1a_1$. 则我们有 $a_1\in X\cap S_{nt}(Y)$. 因此 $X\cup Y$ 不是一个 d-码．矛盾．

(iii) 如果存在 $z_2\in A^+$ 使得 $a_1=xz_2$，那么或者 $|a_1|\leqslant|xy_1|$ 或者 $|a_1|>|xy_1|$ 成立．对于前者，那么存在 $z_3\in A^+$ 使得 $xy_1=a_1z_3$，那么 $y_1=z_2z_3, b_1=z_3x$，因此，$x\in P_{nt}(X)\cap S_{nt}(Y)$. 矛盾．对于后者，则存在 $z_4\in A^+$ 使得 $a_1=xy_1z_4$，那么 $x=$

z_4b_1. 因此 $a_1=z_4b_1y_1z_4$，这与 X 是一个 d-码矛盾．

(2)如果 $u\neq v$，那么存在 $y_2,y_3\in A^*$，$a_2,a_3\in A$，$b_2,b_3\in Y$ 使得 $u=xy_2=a_2b_2$，$v=y_3x=a_3b_3$.

(2-1)若 $|a_2|<|x|$，那么存在 $w_1\in A^+$ 使得 $x=a_2w_1$，$b_2=w_1y_2$.

(i)如果 $|b_3|\geqslant|x|$，那么存在 $w_2\in A^+$ 使得 $b_3=w_2x$. 因此 $b_3=w_2a_2w_1$，那么 $w_1\in P_{nt}(Y)\cap S_{nt}(Y)$，这与 Y 是一个 d-码矛盾．

(ii)如果 $|b_3|<|x|$，那么存在 $w_3\in A^+$ 使得 $x=w_3b_3$. 因此 $a_3=y_3w_3$，$x=w_3b_3=a_2w_1$. 对于 $|a_2|$ 和 $|w_3|$ 的大小关系：

情形 1　如果 $|a_2|\geqslant|w_3|$，那么存在 $w_4\in A^*$ 使得 $a_2=w_3w_4$. 因此 $w_3\in P_{nt}(X)\cap S_{nt}(X)$. 矛盾．

情形 2　如果 $|a_2|<|w_3|$，那么存在 $w_5\in A^+$ 使得 $w_3=a_2w_5$，$w_1=w_5b_3$，则 $a_3=y_3a_2w_5$，$b_2=w_5b_3y_2$，这与 $X\cup Y$ 是 d-码矛盾．

(2-2)如果 $|a_2|\geqslant|x|$，那么存在 $w_6\in A^*$ 使得 $a_2=xw_6$，$y_2=w_6b_2$.

(i)若 $|x|>|b_3|$，那么存在 $w_7\in A^+$ 使得 $x=w_7b_3$，$a_3=y_3w_7$. 因此 $a_2=w_7b_3w_6$，则 $w_7\in X_p\cap X_s$，但这与 X 是 d-码矛盾．

(ii)若 $|x|\leqslant|b_3|$ 那么存在 $w_8\in A^*$ 使得 $b_3=w_8x$. 因为 $a_2=xw_6$，所以 $x\in P_{nt}(X)\cap\overline{Y}_s$，但这同样与 $X\cup Y$ 是 d-码矛盾．

($\Leftarrow$)因为 XY 是 d-码，那么 $\overline{X}_p\cap\overline{Y}_s=\varnothing$. 事实上，令 $y\in\overline{P}_{nt}(X)\cap\overline{Y}_s$，那么存在 $r,s\in A^*$ 使得 $yr\in A$，$sy\in Y$. 因此 $yrsy\in XY$. 矛盾．同样地，因 YX 是 d-码，那么 $\overline{Y}_p\cap\overline{X}_s=\varnothing$. 因 X 和 Y 都是 d-码，所以，

$$P_{nt}(X)\cap\overline{X}_s=\varnothing,S_{nt}(X)\cap X=\varnothing,P_{nt}(Y)\cap\overline{Y}_s=\varnothing,S_{nt}(Y)\cap Y=\varnothing.$$

那么，

$$P_{nt}(X\cup Y)\cap\overline{(X\cup Y)}_s=\varnothing,S_{nt}(X\cup Y)\cap(X\cup Y)=\varnothing.$$

故 $X\cup Y$ 是 d-码．

□

推论 3.3.1 设 X,Y 是 A 上的两个不交语言．如果 $X\cup Y$ 是 d-码，那么 XY 也是 d-码．

定理 3.3.2 设 X,Y 是 A 上的两个 d-码．XY 是 d-码当且仅当对任意两个正整数 m,n，X^mY^n 是 d-码．

证明：（$\Leftarrow$）当 $(m,n)=(1,1)$，那么 $XY\in C_d$.

（$\Rightarrow$）因为 $X,Y\in C_d$，那么 $X,Y\in B$. 因此对任意两个正整数 m,n，有 X^m，$Y^n\in B(X)$. 因此我们由引理 3.2.1 可知，$X^mY^n\in B$. 由定义可知，$XY\subseteq U$. 由命题 3.3.1 得，$A^+B^+\subseteq U$. 假设

$$XY\in C_d,X^{m_1}Y^{n_1}\notin C_d,m_1,n_1\geqslant 1,(m_1,n_1)\neq(1,1).$$

那么存在 $x\in A^+,y_1,y_2\in A^+$和 $u,v\in A^{m_1}B^{n_1}$ 且 $u\neq v$ 使得

$$u=xy_1,v=y_2x.$$

令

$$u=u_1\cdots u_{m_1}v_1\cdots v_{n_1},v=u'_1\cdots u'_{m_1}v'_1\cdots v'_{n_1},$$

其中 $u_1,\cdots,u_{m_1},u'_1,\cdots,u'_{m_1}\in X,v_1,\cdots,v_{n_1},v'_1,\cdots,v'_{n_1}\in Y$. 于是，有

$$u_1\cdots u_{m_1}v_1\cdots v_{n_1}=xy_1,$$
$$u'_1\cdots u'_{m_1}v'_1\cdots v'_{n_1}=y_2x.$$

下面考虑 $|x|$ 与 $|u_1\cdots u_{m_1}|$ 的大小．

(1) 如果 $|u_1\cdots u_{m_1}|\geqslant|x|$，那么存在 $z_1\in A^*$ 使得 $u_1\cdots u_{m_1}=xz_1$.

(1-1) 若 $|v'_1\cdots v'_{n_1}|\geqslant|x|$，那么存在 $z_2\in A^*$ 使得 $v'_1\cdots v'_{n_1}=z_2x$. 对 $u_1\cdots u_{m_1}=xz_1$，如果 $|x|>|u_1|$，那么存在 $z_3\in A^+$使得 $x=u_1z_3$，因此，$u_2\cdots u_{m_1}=z_3z_1$. 那么 $v'_1\cdots v'_{n_1}=z_2u_1z_3$. 因此

$$X^+Y^+\ni u_2\cdots u_{m_1}v'_1\cdots v'_{n_1}=z_3z_1z_2u_1z_3\notin U,$$

矛盾．如果 $|x|=|u_1|$，那么 $x=u_1,v'_1\cdots v'_{n_1}=z_2u_1$. 于是，有

$$X^+Y^+\ni u_1\cdots u_{m_1}v'_1\cdots v'_{n_1}=u_1z_1z_2u_1\notin U,$$

矛盾．如果 $|x|<|u_1|$，那么存在 $z_4\in A^+$使得 $u_1=xz_4$. 因此

$$X^+Y^+ \ni u_1v'_1\cdots v'_{n_1} = xz_4z_2x \notin U.$$

(1-2) 如果 $|v'_1\cdots v'_{n_1}| < |x|$，那么存在 $0\leqslant i\leqslant m_1$ 使得

$$y_2 = u'_1\cdots u'_ix_1, x_1x_2 = u'_{i+1}, x_2 \in A^+.$$

如果 $x_1=1$，那么

$$x = u'_{i+1}\cdots u'_{m_1}v'_1\cdots v'_{n_1},$$

$$u_1\cdots u_{m_1} = u'_{i+1}\cdots u'_{m_1}v'_1\cdots v'_{n_1}z_1.$$

由于 X 是双缀码，因此

$$u_1 = u'_{i+1}, \cdots, u_{m_1-i} = u'_{m_1}, u_{m_1-i+1}\cdots u_{m_1} = v_1'\cdots v'_{n_1}z_1.$$

因此

$$X^+Y^+ \ni u_{m-i+1}\cdots u_{m_1}v'_1\cdots v'_{n_1} = v_1'\cdots v'_{n_1}z_1v'_1\cdots v'_{n_1} \notin U,$$

矛盾．

如果 $x_1\neq 1$，那么

$$x = x_2u'_{i+2}\cdots u'_{m_1}v'_1\cdots v'_{n_1},$$

$$u_1\cdots u_{m_1} = x_2u'_{i+2}\cdots u'_{m_1}v'_1\cdots v'_{n_1}z_1.$$

因 X 是 d-码，则 $|x_2| > |u_1|$．令

$$x_2 = u_1\cdots u_{k_1}w_1, 1<k_1<m_1, w_1 \leqslant_p u_{k_1+1}.$$

这表明 $u'_{i+1} = x_1u_1\cdots u_{k_1}w_1$，但这与 X 是 d-码矛盾．

(2) 如果 $|u_1\cdots u_{m_1}| < |x|$，那么令

$$x = u_1\cdots u_{m_1}v_1\cdots v_jr_1, 0\leqslant j<n_1, r_1 \in \overline{P}(v_{j+1}).$$

(2-1) 如果 $|v'_1\cdots v'_{n_1}| \geqslant |x|$，那么存在 $s_1 \in \overline{S}(v'_{k_2-1})$ 使得 $x = s_1v'_{k_2}\cdots v'_{n_1}$．因此 $u_1\cdots u_{m_1}v_1\cdots v_jr_1 = s_1v'_{k_2}\cdots v'_{n_1}$．因 XY 是 d-码，则 $|s_1| > |u_1|$．对于 s_1，我们分为以下四种情况：

(i) $s_1 = u_1\cdots u_{k_3}t_1$，其中 $1<k_3\leqslant m_1-1, t_1 \in \overline{P}(u_{k_3+1})$．因 $t_1 <_s s_1 \leqslant_s v'_{k_2-1}$，所以 $t_1 <_s v'_{k_2-1}$．这表明 $t_1 <_d u_{k_3+1}v'_{k_2-1}$，但这与 XY 是 d-码矛盾．

(ii) $s_1 = u_1\cdots u_{m_1}t_2$，其中 $t_2 <_p s_1$．那么 $t_2 <_s s_1$．又因 $s_1 \in \overline{S}(v'_{k_2-1})$，所以 $t_2 <_s$

v'_{k_2-1},这与Y是d-码矛盾.

(iii)$s_1=u_1\cdots u_{m_1}v_1\cdots v_{k_4}t_3$,其中$1<k_3\leqslant j<n_1$和$t_3\in\overline{P}(v_{k_4+1})$,那么$t_3<_s s_1<_s v'_{k_2-1}$,所以$t_3<_s v'_{k_2-1}$. 这与$Y$是$d$-码矛盾.

(iiii)$s_1=u_1\cdots u_{m_1}v_1\cdots v_j t_4$,其中$t_4<_p r_1$,则$t_4<_s s_1$. 又因$r_1\in\overline{P}(v_{j+1})$,所以$t_4<_p v_{j+1}$. 又因$s_1\in\overline{S}(v'_{k_2-1})$,所以$t_4<_s v'_{k_2-1}$,这与$Y$是$d$-码矛盾.

(2-2)如果$|v'_1\cdots v'_{n_1}|<|x|$,那么一定存在$s_2\in\overline{S}(u'_{k_5-1})$,使得

$$x=s_2u'_{k_5}\cdots u'_{m_1}v'_1\cdots v'_n.$$

因此我们有

$$u_1\cdots u_{m_1}v_1\cdots v_jr_1=s_2u'_{k_5}\cdots u'_{m_1}v'_1\cdots v'_{n_1}.$$

证明类似于式(2-1),我们同样可得到矛盾的结论.

□

设$L\subseteq A^+$是一个d-码,称L是一个极大d-码,如果对于任意$u\in A^+\backslash L$,$L\cup\{u\}$再也不是一个d-码. 例如,令$A=\{a,b\}$,那么$\{a^nb^n\mid n\geqslant 1\}$是一个极大$d$-码.

我们在d-码族定义一个偏序"$\leqslant$":

$$\forall L_1,L_2\in C_d,L_1\leqslant L_2\Leftrightarrow L_1\subseteq L_2.$$

那么$(C_d,\leqslant)$是一个偏序集.

命题 3.3.7 每个d-码包含在一个极大d-码中.

证明:令$X\subseteq A^+$是一个d-码,$M=\{L\in C_d\mid X\subseteq L\}$且

$$L_1\subseteq L_2\subseteq L_3\subseteq\cdots$$

是M中的升链. 设$\overline{L}=\cup_{i\geqslant 1}L_i$. 那么$X\subseteq\overline{L}$.

下面说明$\overline{L}\in C_d$. 对任意$x,y\in\overline{L}$,一定存在$i,j\geqslant 1$,且$i\geqslant j$使得$x\in L_i,y\in L_j$. 因为$i\geqslant j$,那么我们有$x,y\in L_i$. 又因$L\in C_d$,那么$\{x,y\}\in C_d$. 所以$\overline{L}\in C_d$. 因而$\overline{L}\in M$. 那么$\overline{L}$是M的一个上界. 由佐恩引理可知,M有极大元,记为L'. 假设还存在一个d-码L''使得$L'\subseteq L''$. 因$L\subseteq L'\subseteq L''$,则$L''\in M$. 因为$L'$是$M$的极大

元,所以 $L'=L''$.

故 L' 是包含 L 的极大 d-码. □

命题 3.3.8 设 X 是一个 d-码并且是一个极大码,则 X 是一个极大双缀码.

证明: 设 X 是一个 d-码并且是一个极大码,则 X 是一个双缀码. 如果 X 不是一个极大双码,则存在一个双缀码 Y 使得 $X\subset Y$,这与 X 是一个极大码矛盾. 因此 X 是一个极大双缀码.

□

3.4 保持 d-码的同态

我们知道,d-码在同态或者非消除同态下不封闭,所以我们考虑保持封闭的条件. 为此,需要以下准备工作:

引理 3.4.1[44] 令 $h:A^*\to A^*$ 是一单同态. 则下述等价:

(1) $|h(A)|=|A|$,$h(A)$是码.

(2)对任意两个不同的字母 $a,b\in A$,有 $h(a),h(b)\in U$.

引理 3.4.2[120] 令 $h:A^*\to A^*$ 是一单同态. 则 $h(A)$是单射当且仅当 $h(A)$是码且 $|h(A)|=|A|$.

引理 3.4.3[50] 令 A 是字母表且 $|A|\geq 2$, $h:A^*\to A^*$ 是一单同态. 下述成立:

(1)h 保持内缀码当且仅当对每个内缀码 $K\subseteq A\cup A^2$,有 $h(K)$是内缀码;

(2)h 保持外缀码当且仅当对每个外缀码 $K\subseteq A\cup A^2$,有 $h(K)$是外缀码.

引理 3.4.4[50] 令 A 是字母表且 $|A|\geq 2$, $h:A^*\to A^*$ 是一单同态. 下述成立:

(1) 对每一个内缀码 $L\subseteq A^*$，有 $h^{-1}(L)$ 是内缀码．

(2) 对每一个外缀码 $L\subseteq A^*$，有 $h^{-1}(L)$ 是外缀码．

(3) $h^{-1}(1)=\{1\}$．

引理 3.4.5[124]　令 $h:X^*\to X^*$ 是一单同态，且 $|h(X)|=|X|$，则 $h(X)$ 是双缀码当且仅当 h 保持双缀码．

定理 3.4.1　令 $h:A^*\to A^*$ 是一单同态且 $|h(A)|=|A|$，则 h 保持 d-码当且仅当 $h(A)$ 是 d-码．

证明: ($\Rightarrow$) 设 L 是 d-码且 $D=h(L)$，于是 $h(L)$ 是双缀码．

接下来说明 $P_{nt}(D)\cap S_{nt}(D)=\emptyset$. 假设 $P_{nt}(D)\cap S_{nt}(D)\neq\emptyset$，那么存在 x，$y\in D$ 使得

$$P(x)=S(y).$$

而 $A\subseteq U$. 由引理 3.4.1，我们有 $h(L)\subseteq U$. 因此 $x\neq y$. 因 $h(L)$ 是 d-码，再根据引理 3.4.2，h 是单射．因此存在 $u,v\in L$ 且 $u\neq v$ 使得 $h(u)=x$，$h(v)=y$. 令

$$u=u_1\cdots u_n,$$

$$v=v_1\cdots v_m,$$

其中 $u_1,\cdots,u_n,v_1,\cdots,v_m\in A$. 因此有

$$x=h(u)=h(u_1)\cdots h(u_n),y=h(v)=h(v_1)\cdots h(v_m).$$

因 $P(x)=S(y)$，则存在两个非负整数 i,j 使得

$$h(u_1)\cdots h(u_i)x_1=y_1h(v_j)\cdots h(v_m),$$

其中 $0\leqslant i\leqslant n-1$，$2\leqslant j\leqslant m+1$，$x_1x_2=h(u_{i+1})$，$y_2y_1=h(v_{j-1})$，$x_2,y_2\in A^+$.

(1) 当 $j=m+1$ 时，$y_2y_1=h(v_m)$，$y_1\in A^+$，则 $y_1=h(u_1)\cdots h(u_i)x_1$.

若 $x_1=1$，$y_1=h(u_1)\cdots h(u_i)$，那么

$$y_2y_1=y_2h(u_1)\cdots h(u_i)=h(v_m),$$

这与 $h(A)$ 是 d-码矛盾．

若 $x_1\neq 1$，$y_2y_1=y_2h(u_1)\cdots h(u_i)x_1=h(v_m)$. 而 $x_1x_2=h(u_{i+1})$. 这与 $h(A)$ 是

d-码矛盾.

(2)当 $2\leqslant j\leqslant m$ 时,我们分以下两种情况:

(2-1)如果 $x_1=1$,我们分成以下两种情况:

(i)当 $y_1=1$ 时,则 $h(u_1)\cdots h(u_i)=h(v_j)\cdots h(v_m)$. 因为 $h(A)$ 是 d-码,则 $h(A)$ 是双缀码,因此

$$h(u_1)=h(v_j),\cdots,h(u_i)=h(v_m),i=m-j+1.$$

因 h 是单射,则 $u_1=v_j,\cdots,u_i=v_m$,但这与 L 是 d-码矛盾.

(ii)当 $y_1\neq1$ 时,那么 $h(u_1)\cdots h(u_i)=y_1h(v_j)\cdots h(v_m)$. 因 $h(A)$ 是 d-码,那么 $|y_1|>|h(u_1)|$. 因此我们可以令

$$y_1=h(u_1)\cdots h(u_k)z_1,$$

其中 $1\leqslant k<i,z_1\in\overline{P}(h(u_{k+1}))$. 因此

$$h(v_{j-1})=y_2y_1=y_2h(u_1)\cdots h(u_k)z_1,$$

但这与 $h(A)$ 是 d-码矛盾.

(2-2)如果 $x_1\neq1$,我们分成以下两种情况:

(i)当 $y_1=1$ 时,$h(u_1)\cdots h(u_i)x_1=h(v_j)\cdots h(v_m)$. 因 $h(A)$ 是双缀码,则 $h(u_1)=h(v_j),\cdots,h(u_i)=h(v_{j+i-1})$. $x_1=h(v_{j+i})\cdots h(v_m)x_2$. 因此 $h(u_{i+1})=x_1x_2=h(v_{j+i})\cdots h(v_m)x_2$. 矛盾.

(ii)当 $y_1\neq1$ 时,则 $h(u_1)\cdots h(u_i)x_1=y_1h(v_j)\cdots h(v_m)$. 因 $h(A)$ 是 d-码,则 $|y_1|>|h(u_1)|$. 因此可以令

$$y_1=h(u_1)\cdots h(u_l)z_2,1\leqslant l<i,z_2\in\overline{P}(u_{l+1}).$$

则

$$h(v_{j-1})=y_2y_1=y_2h(u_1)\cdots h(u_l)z_2,$$

这与 $h(A)$ 是 d-码矛盾.

□

令 $A=\{a,b\},L=\{a,b\},h(a)=a,h(b)=1$. 显然,$L$ 是 d-码,但 $\{ab,ba\}\subseteq$

$h^{-1}(L)$. 这说明d-码族在一般的逆同态下不封闭,但它在逆非消除同态下是封闭的. 因此有如下命题:

命题3.4.1[75] 令$h: A^* \to A^*$是一单同态. h^{-1}保持d-码当且仅当$h^{-1}(1)=\{1\}$.

证明:($\Leftarrow$)假设L是d-码,需证明$X=h^{-1}(L)$也是d-码.

首先,X是双缀码. 事实上,假设X不是双缀码,那么$X\cap XA^+\neq\emptyset$或$X\cap A^+X\neq\emptyset$. 于是$L\cap LA^+\neq\emptyset$或$L\cap A^+L\neq\emptyset$,这与L是d-码矛盾. 假设$P_{nt}(X)\cap S_{nt}(X)\neq\emptyset$. 那么存在$u,x,y\in A^+$使得$ux,yu\in h^{-1}(L)$. 因$h^{-1}(1)=1$,则我们有$h(u)h(A),h(y)h(u)\in L$,这与$L$是$d$-码矛盾.

($\Rightarrow$)假设存在一个字x且$x\neq 1$使得$h(x)=1$. 那么$\{x,1\}\subseteq h^{-1}(1)$,但这与$h^{-1}$保持$d$-码矛盾.

□

第 4 章　k-逗点码和 k-逗点关联码

k-逗点码是无逗点码的推广．首先,从内缀码和双缀码的角度刻画 k-逗点码和 k-逗点关联码,以及一类特殊的 k-逗点关联码,即内缀 k-逗点关联码．其次,讨论 k-逗点码的合成与分解．最后,众所周知,关于一个给定的正则语言 L 和正整数 m,可以判定 L 是否是一个 k-逗点关联码．但是,如果 m 是未定的,可以判定 L 是一个 k-逗点关联码吗？本章给出这一问题的部分解答,即给定一个正则双缀码,可以判定它是否是一个 k-逗点关联码,若是,可进一步确定它的指数,也就可以确定 m 的最小值．

4.1　k-逗点码和 k-逗点关联码的基本性质

定义 4.1.1[3,38,123]　令 L 为 A 上一语言．称 L 是一个无逗点码,如果

$$L^2 \cap A^+LA^+ = \emptyset.$$

定义 4.1.2　设 $L \subseteq A^+$,对于 $k \geqslant 0$,如果

$$LA^kL \cap A^+LA^+ = \emptyset,$$

那么 L 称为 k-逗点码.

当 $k=0$ 时, L 恰好是一个无逗点码. 记 A 上所有的指数为 m 的 k-逗点关联码为 $C_{k,m}$.

定义 4.1.3 令 L 为 A 上一语言, $k\geqslant 0, m\geqslant 1$. 称 L 是一个指数为 m 的 k-逗点关联码,如果

$$(LA^k)^m L\cap A^+(LA^k)^{m-1}LA^+=\varnothing.$$

指数为 1 的 k-逗点关联码恰为 k-逗点码,每个指数为 m 的 k-逗点关联码中的任意一个字的长度都大于 k.

命题 4.1.1[13] 令 L 为 A 上一语言, $k\geqslant 0$,则 L 是一个 k-逗点码当且仅当 LA^k 是一个无逗点码.

证明: 假定 LA^k 是一个无逗点码, L 不是一个 k-逗点码. 那么存在

$$w_1, w_2, w_3\in L, v_1\in A^k, x, y\in A^+$$

使得 $w_1v_1w_2=xw_3y$. 取 $v_2\in A^k$,那么 $w_1v_1w_2v_2=xw_3yv_2$,这与 LA^k 是一个无逗点码矛盾.

反之,如果 LA^k 不是一个无逗点码. 那么 $u_1v_1u_2v_2=x'u_3v_3y'$,其中 $u_1, u_2, u_3\in L, v_1, v_2, v_3\in A^k, x', y'\in A^+$. 因 y' 非空,将上式左右两边同时删去 k 个字母,此时与 L 是一个 k-逗点码矛盾.

□

命题 4.1.2[13] 令 L 为 A 上一非空语言, $k\geqslant 0$. 则 L 是内缀码当且仅当 LA^k 是内缀码,也当且仅当 A^kL 是内缀码.

证明: 因为内缀码族在乘积运算下封闭,所以必要性成立.

现证充分性. 假设 LA^k 是内缀码,但 L 不是内缀码. 那么存在 $u\in L, x, y\in A^*$ 使得

$$xuy\in L, xy\neq 1.$$

那么对任意 $v_1\in A^k, xuyv_1\in LA^k, uv_2\in LA^k$ 会成为它的因子,其中 v_2 是 yv_1 的长度

为 k 的前缀．因 $uv_2 \neq xuyv_1$，矛盾．

□

因是一个无逗点码也是内缀码，于是有如下推论：

推论 4.1.1[13]　令 L 为 A 上一语言，$k \geq 0$. 如果 L 是一个 k-逗点码，那么 L 是一个内缀码．

与命题 4.1.1 类似，k-逗点关联码也有如下结论：

命题 4.1.3[13]　令 L 为 A 上一语言，$k \geq 0$. 则 L 是一个指数为 m 的 k-逗点关联码当且仅当 LA^k 是一个指数为 m 的关联码．

命题 4.1.4[13]　对于 $k \geq 0$，k-逗点关联码是双缀码．

证明：令 L 是一个指数为 m 的 k-逗点关联码．假设 L 不是前缀码．那么存在 $u, w \in L$ 使得 $w = uv, v \in A^+$. 于是，存在 $x_1, \cdots, x_m \in A^k$ 使得

$$wx_1wx_2\cdots wx_m = wx_1(wx_2\cdots x_m u)v \in A^+(LA^k)^{m-1}LA^+,$$

这与 L 是一个指数为 m 的 k-逗点关联码矛盾．同理可证 L 是一个后缀码．因此，L 是一个双缀码．

□

命题 4.1.5[13]　对于 $k \geq 0, m \geq 1$，有

$$C_{k,1} \subset C_{k,2} \subset \cdots \subset C_{k,m} \subset \cdots \subset \boldsymbol{B}.$$

证明：首先证明每个指数为 m 的 k-逗点关联码是指数为 $m+1$ 的 k-逗点关联码．令 L 是一个指数为 m 的 k-逗点关联码．根据定义，有

$$(LA^k)^m L \cap A^+(LA^k)^{m-1}LA^+ = \emptyset.$$

假设 L 不是指数为 $m+1$ 的 k-逗点关联码．那么

$$(LA^k)^{m+1} L \cap A^+(LA^k)^m LA^+ \neq \emptyset.$$

即存在 $u_1, \cdots, u_{m+2} \in L, v_1, \cdots, v_{m+1} \in L, x_1, \cdots, x_{m+1}, y_1, \cdots, y_m \in A^k, z_1, z_2 \in A^+$ 使得

$$u_1x_1\cdots x_{m+1}u_{m+2} = z_1v_1y_1\cdots y_m v_{m+1}z_2.$$

我们声称 $|z_1| < |u_1|$，$|z_2| < |u_{m+2}|$. 如果 $z_1 = u_1z', z' \in A^*$，则

$$x_1\cdots x_{m+1}u_{m+2}=z'v_1y_1\cdots y_mv_{m+1}z_2.$$

因 $v_1\in L$,所以 $|v_1|>|x_1|$. 从而 $v_2y_2\cdots v_{m+1}$ 是 $u_2x_2\cdots u_{m+2}$ 的一个真前缀,矛盾.同理可证

$$|z_2|<|u_{m+2}|.$$

即使 $|z_1|<|u_1|$, $|z_2|<|u_{m+2}|$,仍然有

$$v_1y_1\cdots y_mv_{m+1}\in u_2x_2\cdots x_mu_{m+1},$$

于是,

$$(LA^k)^mL\cap A^+(LA^k)^{m-1}LA^+\neq\varnothing.$$

矛盾. 因此,$C_{k,m}\subseteq C_{k,m+1}$.

构造一个语言 $L\in C_{k,m+1}\backslash C_{k,m}$. 令

$$A=\{a,b\},u_i=ab^{i+k}a,i\geqslant 1,x_1,\cdots,x_{m+1}\in A^k.$$

那么语言

$$L=\{u_1x_1\cdots u_{m+1}x_{m+1}u_{m+2},u_2,u_3,\cdots,u_{m+1}\}$$

满足

$$(LA^k)^{m+1}L\cap A^+(LA^k)^mLA^+=\varnothing.$$

因此,$L\in C_{k,m+1}$.

另外,$L\notin C_{k,m}$,因为 $u_2x_2\cdots u_{m+1}$ 是 $u_1x_1\cdots u_{m+1}x_{m+1}u_{m+2}$ 的一个真前缀,故

$$(LA^k)^mL\cap A^+(LA^k)^{m-1}LA^+\neq\varnothing.$$

其次证明 $L'=\{aa,aba\}$ 是一个双缀码,但对于任意 $k\geqslant 0,m\geqslant 1$,$L'$不是指数为 m 的 k-逗点关联码. 显然 L'不是任意指数的 k-逗点关联码,$k\geqslant 2$. 于是,$k=0$ 或者 $k=1$,从而,对 $m\geqslant 1$,有

$$aba(a^{k+2})^{m-1}a^k(aba)\in(L'A^k)^mL'\cap A^+(L'A^k)^{m-1}L'A^+.$$

故 $C_{k,m}\subset B$.

□

命题 4.1.6[13]　对 $u\in A^*$, $m\geqslant 1$, uA^k 是指数为 m 的关联码当且仅当 uA^k 是

指数为 $m+1$ 的关联码.

证明:根据命题 4.1.5,必要性成立.

反过来,假设 uA^k 是指数为 $m+1$ 的关联码,但不是指数为 m 的关联码. 由命题 4.1.3 可知,u 是一个 k-逗点关联码,因此 $|u|>k$. 那么存在 $x_1,\cdots,x_{m+1}$, $x_1',\cdots,x_m'\in A^k$, $y,z\in A^+$使得

$$ux_1ux_2\cdots ux_mux_{m+1}=yux_1'ux_2'\cdots ux_m'z. \tag{4.1}$$

注意到 $|u|+k=|y|+|z|$. 如果 $|y|<|u|$ (i.e., $|z|>k$),令 $z=u_sx_m+1$, $u=u_pu_s$,其中 $u_p,u_s\in A^+$. 那么

$$ux_1ux_2\cdots ux_{m-1}u_p=yux_1'ux_2'\cdots ux_{m-1}'$$

且 $u_sx_mu_p=ux'_m$. 此时,

$$\begin{aligned}&ux_1ux_2\cdots ux_{m-1}(ux_m)^2ux_{m+1}\\&=ux_1\cdots ux_{m-1}u_p(u_sx_mu_p)^2u_sx_{m+1}\\&=yu\,x_1'u\,x_2'\cdots u\,x_{m-1}'(u\,x_m')^2z.\end{aligned}$$

因此,uA^k 不是指数为 $m+1$ 的关联码,矛盾.

如果 $|y|\geqslant|u|$. 注意到 $|u|>k$. 可令

$$x_1=y_su_p,uy_s=y,u_p\in P(u),y_s\in S(y).$$

在方程(4.1)中,我们看到 x_2 有后缀 u_p,设 $x_2=wu_p$, $w\in A^*$. 那么

$$ux_1'=u_puw,u_pux_3\cdots ux_{m+1}=ux_2'\cdots ux_m'z,$$

于是,

$$\begin{aligned}ux_1(ux_2)^2ux_3\cdots ux_{m+1}&=uy_su_p(uwu_p)^2ux_3\cdots ux_{m+1}\\&=uy_s(u_puw)^2u_pux_3\cdots ux_{m+1}\\&=y(u\,x_1')^2u\,x_2'\cdots u\,x_m'z,\end{aligned}$$

矛盾.

4.2　k-逗点码和 k-逗点关联码的刻画

4.2.1　k-逗点码的刻画

关于 $k\geqslant 0$,定义如下记号:

$$\mathbf{S_1}=\{L\subseteq A^+ \mid L\cap S_{nt}(L)A^{\leqslant k}=\emptyset\},$$

$$\mathbf{S_2}=\{L\subseteq A^+ \mid L\cap PS_{nt}(L)A^{\leqslant k}=\emptyset\},$$

$$\mathbf{S_3}=\{L\subseteq A^+ \mid L\cap A^{\leqslant k}P_{nt}(L)=\emptyset\},$$

$$\mathbf{S_4}=\{L\subseteq A^+ \mid L\cap A^{\leqslant k}PS_{nt}(L)=\emptyset\},$$

$$\mathbf{S_5}=\{L\subseteq A^+ \mid L\cap S_{nt}(L)A^kP_{nt}(L)=\emptyset\},$$

$$\mathbf{S_6}=\{L\subseteq A^+ \mid L\cap PS_{nt}(L)A^kP_{nt}(L)=\emptyset\},$$

$$\mathbf{S_7}=\{L\subseteq A^+ \mid L\cap S_{nt}(L)A^kPS_{nt}(L)=\emptyset\},$$

$$\mathbf{S_8}=\{L\subseteq A^+ \mid L\cap PS_{nt}(L)A^kPS_{nt}(L)=\emptyset\}.$$

引理 4.2.1　$\mathbf{S_1}=\mathbf{S_2},\mathbf{S_3}=\mathbf{S_4},\mathbf{S_5}=\mathbf{S_6}=\mathbf{S_7}=\mathbf{S_8}$.

证明:此处仅证明 $\mathbf{S_1}=\mathbf{S_2}$,其余两个等式同理可证. 易知,$PS_{nt}(L)\subseteq S_{nt}(L)$,于是,$\mathbf{S_1}\subseteq\mathbf{S_2}$. 现在只需证明 $\mathbf{S_2}\subseteq\mathbf{S_1}$. 假设 $L\notin\mathbf{S_1}$,则存在 $u\in L,v\in S_{nt}(L),z\in A^{\leqslant k}$ 使得 $u=vz$,从而,$v\in P_{nt}(L)$,于是,$v\in PS_{nt}(L)$,故 $L\notin\mathbf{S_2}$. 因此,$\mathbf{S_2}\subseteq\mathbf{S_1}$.

□

定理 4.2.1　令 L 为 A 上一内缀码,且 $lg(L)>k,k\geqslant 0$. 则 L 是 k-逗点码当且仅当

$$L\in\mathbf{S_1}\cap\mathbf{S_3}\cap\mathbf{S_5}.$$

证明:(⇒)由推论 4.1.1,我们知道 L 是内缀码. 对任意 $u\in L$,有 $|u|>k$.

假设 $L\notin\mathbf{S_1}$. 令 $u_1\in L\cap S_{nt}A^{\leqslant k}$,那么存在 $x_1\in S_{nt},z_1\in A^{\leqslant k},y_1\in X^+$,使得

$$u_1=x_1z_1, y_1x_1\in L.$$

令 $z_2\in X^*$ 且 $z_1z_2\in A^k$，那么

$$y_1u_1(z_2u_1)=(y_1x_1)(z_1z_2)u_1\in LA^kL\cap A^+LA^+,$$

这与 L 是 k–逗点码矛盾．

假设 $L\notin \boldsymbol{S_3}$. 令 $u_2\in L\cap A^{\leqslant k}P_{nt}$，那么存在 $z_3\in A^{\leqslant k}$，$x_2\in P_{nt}$，$y_2\in A^+$，使得 $u_2=z_3x_2$，$x_2y_2\in L$. 令 $z_4\in A^*$ 且 $z_4z_3\in A^k$，那么

$$(u_2z_4)u_2y_2=u_2(z_4z_3)(x_2y_2)\in LX^kL\cap A^+LA^+,$$

这与 L 是 k–逗点码矛盾．

假设 $L\notin \boldsymbol{S_5}$. 令 $u_3\in L\cap S_{nt}A^kP_{nt}$，那么存在 $z\in A^k$，$x_3\in S_{nt}$，$x_4\in P_{nt}$，$y_3,y_4\in A^+$，使得 $u_3=x_3zx_4$，y_3x_3，$x_4y_4\in L$，那么

$$y_3u_3y_4=(y_3x_3)z(x_4y_4)\in LA^kL\cap A^+LA^+,$$

这与 L 是 k–逗点码矛盾．

(⇐)假设 L 不是一个 k–逗点码，那么存在 $u,v,w\in L$，$z\in A^k$，$x,y\in A^+$，使得 $uzv=xwy$. 因 L 是内缀码且对任意 $u\in L$ 有 $|u|>k$，我们考虑以下三种情况：

(i) $|uz|\geqslant|xw|$ 且 $|x|<|u|$.

(ii) $|zv|\geqslant|wy|$，$|y|<|v|$.

(iii) $|x|<|u|$，$|y|<|v|$.

如果情形(i)成立，那么存在 $w_1,z_1\in A^+$，$z_2\in A^*$，使得 $uz=xwz_2$，$u=xw_1$，$z=z_1z_2$. 因此 $w=w_1z_1$. 故有 $L\cap S_{nt}A^{\leqslant k}\neq\emptyset$，矛盾．

如果情形(ii)成立，那么存在 $w_2,z_3\in A^+$，$z_4\in A^*$，使得 $zv=z_4wy$，$v=w_2y$，$z=z_4z_3$. 因此有 $w=z_3w_2\in A^{\leqslant k}P_{nt}$，矛盾．

如果情形(iii)成立，那么存在 $w_3,w_4\in A^+$，使得 $u=xw_3$，$v=w_4y$. 因此

$$w=w_3zw_4\in S_{nt}A^kP_{nt},$$

矛盾．

□

通过使用相同的方法,可得如下推论:

推论 4.2.1[8] 对 $k\geqslant 0$, $L\subseteq A^{+}$. L 是一个 k-逗点码当且仅当以下条件成立:

(1) L 是一个内缀码;

(2) 对任意 $u\in L$,有 $|u|>k$;

(3) L 满足下列条件之一:

$$L\cap PS_{nt}(L)A^{\leqslant k}=\varnothing;$$

$$L\cap A^{\leqslant k}PS_{nt}(L)=\varnothing;$$

$$L\cap PS_{nt}(L)A^{k}PS_{nt}(L)=\varnothing.$$

推论 4.2.2[8] 对 $k\geqslant 0$,语言 L 是一个 k-逗点码当且仅当以下条件成立:

(1) L 是一个内缀码;

(2) 对任意 $u\in L$,有 $|u|>k$;

(3) L 满足下列条件之一:

$$LA^{k}L\cap P_{nt}LS_{nt}=\varnothing;$$

$$LA^{k}L\cap P_{nt}LX^{>k}=\varnothing;$$

$$LA^{k}L\cap A^{k}LS_{nt}=\varnothing.$$

设 $\widetilde{L}$ 是 L 中所有字的镜像构成之集,即对任意 $w\in L$, $\widetilde{L}=\{\widetilde{w}\mid w\in L\}$,也就是说,若

$$w=a_1a_2\cdots a_{n-1}a_n,$$

那么 $\widetilde{w}=a_na_{n-1}\cdots a_2a_1$,其中 $a_i\in X$, $i=1,2,\cdots,n$.

命题 4.2.1[8] 令 L 是一个非空语言且 $k\geqslant 0$. 那么下列条件等价:

(1) L 是一个 k-逗点码.

(2) 对任意 $u,v,w\in L$, $z\in A^{k}$,若 $uzv=xwy$,则有 $x=1$ 或 $y=1$.

(3) 对任意 $u\in L$, $x,y\in A^{*}$,若 $xuy\in LA^{k}L$,则有 $x=1$ 或 $y=1$.

(4) LA^{k} 是一个无逗点码.

(5)对任意 $n\geqslant 1$,L 是内缀码且 $L^nA^kL\cap L^{n-1}A^+LA^+=\emptyset$.

(6)对任意 $n\geqslant 1$,L 是内缀码且 $LA^kL^n\cap A^+LA^+L^{n-1}=\emptyset$.

(7)$\widetilde{L}$ 是 k-逗点码.

证明:(1)、(2)和(3)的等价性由 k-逗点码的定义很容易得到.

(1)与(4)的等价性由命题 4.1.1 可得.

下面我们证明(1)、(5)与(6)的等价性.

如果 L 是内缀码,那么 L 是前缀码. 由命题 1.4.2,对所有 $n\geqslant 1$,有

$$L^{n-1}(LA^kL\cap A^+LA^+)=L^nA^kL\cap L^{n-1}A^+LA^+.$$

因此,

$$LA^kL\cap A^+LA^+=\emptyset$$

当且仅当

$$L^nA^kL\cap L^{n-1}A^+LA^+=\emptyset.$$

故(1)与(5)等价. 类似地,可以证明(1)与(6)等价.

(1)⇔(7)对 $x,y,z,u,v,w\in A^+$,若 $xyz=uvw$,那么 $\widetilde{z}\widetilde{y}\widetilde{x}=\widetilde{w}\widetilde{v}\widetilde{u}$. 因此(1)与(8)等价.

□

推论 4.2.3[76] 令 L 为 A 上一内缀码(特别地,Solid 码),且 $lg(L)>k$,$k\geqslant 0$. 则 L 是 k-逗点码当且仅当

$$L\in \boldsymbol{S}_i\cap \boldsymbol{S}_j\cap \boldsymbol{S}_l,i\in\{1,2\},j\in\{3,4\},l\in\{5,6,7,8\}.$$

因为所有 Solid 码是无重叠的内缀码,所以任何一个 Solid 码都在 $\boldsymbol{S}_1\cap \boldsymbol{S}_3\cap \boldsymbol{S}_5$ 中. 于是,由推论 4.2.3 知,最小长度大于 k 的 Solid 码是 k-逗点码. 反之,不成立,见下例:

例 4.2.1 令 $A=\{a,b\}$,$k\geqslant 0$,$i,j\geqslant 1$. 则

$$L=\{a^ib^{k+n}a^j\mid i,n\geqslant 1\}$$

是一个 k-逗点码但不是一个 Solid 码.

定理 4.2.2[76]　令 L 为 A 上一 k-逗点码，$k\geqslant 0$. 则 L 是 Solid 码当且仅当 $L\subseteq U$ 且 $L^2\backslash L^{(2)}\subseteq U$.

证明：($\Leftarrow$)因为 L 是一个 k-逗点码，根据推论 4.1.1，L 是一个内缀码．假设 L 不是一个 Solid 码．由 Solid 码的定义知，L 是重叠的．因此存在 $u,v,w\in A^+$ 使得 $uv,vw\in L$. 又由 $L\subseteq U$ 知，$uv\neq vw$，于是，$vwuv\notin L^{(2)}$．事实上，若存在 $r\in L$ 使得 $vwuv=r^2$，则 v 既是 r 的前缀，也是 r 的后缀，这与 $L\subseteq U$ 矛盾．因此，$vwuv\in L^2\backslash L^{(2)}$，但这与 $L^2\backslash L^{(2)}\subseteq U$ 矛盾．

($\Rightarrow$)因为 L 是一个 Solid 码，所以 $L\subseteq U$. 令 $x,y\in L$ 且 $x\neq y$. 类似于上面 $vwuv\in L^2\backslash L^{(2)}$ 的证明，$xy\in L^2\backslash L^{(2)}$．假设 $L^2\backslash L^{(2)}\not\subseteq U$. 根据引理 1.3.4，存在 $z,w\in A^+$ 使得 $xy=zwz$. 注意到 L 是一个内缀码，从而 $z\neq x,z\neq y$. 若 $|z|>|x|$，则存在 $x_1\in A^+$ 使得 $z=xx_1$，因此，$y=x_1wxx_1$，但这与 $L\subseteq U$ 矛盾．同理，若 $|z|>|y|$，则仍可得 $L\not\subseteq U$. 故 $|z|<|x|$，$|z|<|y|$．但此时，z 既是 x 的前缀，也是 y 的后缀，这与 L 是 Solid 码矛盾．因此，$L^2\backslash L^{(2)}\subseteq U$.

□

4.2.2　k-逗点关联码的刻画

引理 4.2.2[8]　令 $L\subseteq X^+$，$m\geqslant 1$，$k\geqslant 0$. 若

$$(LA^k)^mL\cap A^+(LA^k)^{m-1}LA^+=\emptyset,$$

则下列两款成立：

(1) 对所有 $l\leqslant m$，有 $(LA^k)^lL\cap A^+(LA^k)^{m-1}LA^+=\emptyset$.

(2) 对所有 $n\geqslant m$，有 $(LA^k)^nL\cap A^+(LA^k)^{n-1}LA^+=\emptyset$.

证明：令 $(LA^k)^mL\cap A^+(LA^k)^{m-1}LA^+=\emptyset$. 当 $l=m$ 时，(1) 显然成立．当 $l<m$ 时，假设

$$(LA^k)^lL\cap A^+(LA^k)^{m-1}LA^+\neq\emptyset.$$

因此有

$$(LA^k)^l L(A^k L)^{m-l} \cap A^+(LA^k)^{m-1}LA^+(A^k L)^{m-l} \neq \emptyset.$$

因 $A^+(A^k L)^{m-l} \subseteq A^+$，所以 $(LA^k)^m L \cap A^+(LA^k)^{m-1}LA^+ \neq \emptyset$，矛盾．

(2)由命题4.1.5可得．

□

定理4.2.3[8] 令 L 是一个语言且 $k \geqslant 0, m \geqslant 1$. L 是指数为 m 的 k-逗点关联码当且仅当 L 满足下列两个条件：

(1) L 是双缀码．

(2)如果 $x \in (LA^k)^{m-1}L, u, v \in A^*, uxv \in (LA^k)^*L$，那么 $u \in (LA^k)^*$ 或 $v \in (A^k L)^*$.

证明：(⇒)由命题4.1.5知，L 是双缀码．若 $uxv \in L$，那么 $m=1, x \in L$. 由命题4.1.1知，L 是内缀码，因此 $u=v=1$. 假设 $u, v \in A^+$，使得 $uxv \in (LA^k)^+L$. 令 n 是使得

$$u, v \in A^+, uxv \in (LA^k)^n L$$

成立的最小正整数．故 $(LA^k)^n L \cap A^+(LA^k)^{m-1}LA^+ \neq \emptyset$. 若 $n \leqslant m$，那么由推论4.1.1，有

$$(LA^k)^m L \cap A^+(LA^k)^{m-1}LA^+ \neq \emptyset,$$

矛盾．因此，$n \geqslant m+1$. 此时存在 $u_1, \cdots, u_n, u_{n+1}, v_1, \cdots, v_m \in L, x_1, \cdots x_n, y_1, \cdots, y_{m-1} \in A^k$，使得

$$u_1 x_1 \cdots u_n x_n u_{n+1} = uxv,$$

和

$$x = v_1 y_1 \cdots v_{m-1} y_{m-1} v_m.$$

若 $|u| > |u_1 x_1|$，那么存在 $w_1 \in A^+$，使得 $u = u_1 x_1 w_1$. 因此有

$$u_2 x_2 \cdots u_n x_n u_{n+1} = w_1 xv,$$

这与 n 的最小性矛盾．若 $|v| > |x_n u_{n+1}|$，那么存在 $w_2 \in A^+$，使得 $v = w_2 x_n u_{n+1}$. 因此有

$$u_1x_1\cdots u_{n-1}x_{n-1}u_n=uxw_2,$$

这同样与 n 的最小性矛盾. 因此 $|u|\leqslant|u_1x_1|$, $|v|\leqslant|x_nu_{n+1}|$. 故存在 w_3, $w_4\in X^*$,使得

$$u_1x_1=uw_3, x_nu_{n+1}=w_4v.$$

那么

$$w_3u_2x_2\cdots u_{n-1}x_{n-1}u_nw_4=x=v_1y_1\cdots v_{m-1}y_{m-1}v_m.$$

若 $w_3=1$ 且 $w_4\neq1$,那么有

$$u_2x_2\cdots u_{n-1}x_{n-1}u_nw_4=x=v_1y_1\cdots v_{m-1}y_{m-1}v_m.$$

因 L 是双缀码,且 $n\geqslant m+1$,则有

$$u_{1+i}=v_i, x_{1+j}=y_j, i=1,2,\cdots,m, j=1,2,\cdots,m-1.$$

于是 $x_{m+1}\cdots u_{n-1}x_{n-1}u_nw_4=1$,矛盾. 同理,如果 $w_3\neq1$ 且 $w_4=1$,也可得到矛盾的结论. 故 $w_3\neq1$ 且 $w_4\neq1$,因此我们有

$$(LA^k)^{m-1}L\cap A^+(LA^k)^{n-2}LA^+\neq\emptyset, n-2\geqslant m-1.$$

由引理4.2.2,有

$$(LA^k)^{n-1}L\cap A^+(LA^k)^{n-2}LA^+\neq\emptyset.$$

这表明 $(LA^k)^mL\cap A^+(LA^k)^{m-1}LA^+\neq\emptyset$,矛盾. 因此假设存在 $u,v\in A^+$,使得 $uxv\in(LA^k)^+L$ 不成立. 故对所有 $x\in(LA^k)^{m-1}L$, $u,v\in X^*$,要使得 $uxv\in(LA^k)^*L$ 成立,只有 $u=1$ 或 $v=1$. 如果 $u=1$,那么

$$u_1x_1\cdots u_nx_nu_{n+1}=v_1y_1\cdots v_{m-1}y_{m-1}v_mv.$$

因 L 是双缀码且 $n\geqslant m+1$,那么 $u_1=v_1$, $x_1=y_1$. 同样地,我们可得

$$u_2=v_2, x_2=y_2, u_{m-1}=v_{m-1}, x_{m-1}=y_{m-1}, u_m=v_m.$$

故,$v\in(A^kL)^*$. 同理,若 $v=1$,我们有 $u\in(LA^k)^*$.

(⇐)假设 L 不是指数为 m 的 k-逗点码,即

$$(LA^k)^mL\cap A^+(LA^k)^{m-1}LA^+\neq\emptyset.$$

那么存在 $u'_1,\cdots,u_{m+1}', v_1',\cdots,v_m'\in L$, $x_1',\cdots,x_m', y_1',\cdots,y_{m-1}'\in A^k$, $u',v'\in A^+$,

使得

$$u'_1x_1'\cdots u_m'x_m'u_{m+1}'=u'v_1'y_1'\cdots v_{m-1}'y_{m-1}'v_m'v'\in(LA^k)^*L.$$

因 $u',v'\in A^+$，那么 $u'\in(LA^k)^+,v'\in(A^kL)^+$. 因此存在正整数 $i,j\geqslant1,p_1,\cdots,p_i,q_1,\cdots,q_j\in L,r_1,\cdots,r_i,s_1,\cdots s_j\in A^k$，使得 $u'=p_1r_1\cdots p_ir_i,v'=s_1q_1\cdots s_jq_j$. 这表明

$$u'_1x_1'\cdots u_m'x_m'u_{m+1}'=p_1r_1\cdots p_ir_iv_1'y_1'\cdots v_{m-1}'y_{m-1}'v_m's_1q_1\cdots s_jq_j.$$

因为 L 是一个双缀码，所以 $m=i+m+j-1\geqslant m+1$，矛盾．故 L 是指数为 m 的 k-逗点关联码．

□

令 $\emptyset\neq L\subseteq A^+$，定义如下语言：

$$\overline{P}_{nt}(L)=\left(\bigcup_{x\in P_{nt}(L)}Lx^{-1}\right)\setminus\{1\},$$

$$\overline{S}_{nt}(L)=\left(\bigcup_{x\in S_{nt}L}x^{-1}L\right)\setminus\{1\}.$$

定理 4.2.4[8]　对 $m\geqslant1,L\subseteq A^+$. L 是指数为 $m+1$ 的 k-逗点关联码，则下述等价：

(1) L 是指数为 m 的 k-逗点关联码．

(2) $(LA^k)^mL\cap A^+(LA^k)^{m-1}LA^+=(LA^k)^mL\cap S_{nt}(L)A^k(LA^k)^mP_{nt}(L)$.

(3) $(LA^k)^mL\cap A^+(LA^k)^{m-1}LA^+=A^k(LA^k)^mL\cap\overline{S}_{nt}(L)A^k(LA^k)^{m-1}LA^+$.

(4) $(LA^k)^mL\cap A^+(LA^k)^{m-1}LA^+=(LA^k)^{m+1}\cap A^+(LA^k)^m\overline{P}_{nt}(L)$.

证明：(1)⇒(2) 令 L 是指数为 m 的 k-逗点关联码，即

$$(LA^k)^mL\cap A^+(LA^k)^{m-1}LA^+=\emptyset.$$

因 $S_{nt}(L)A^k\subseteq A^+,A^kP_{nt}(L)\subseteq A^+$，则有

$$\begin{aligned}\emptyset&=(LA^k)^mL\cap S_{nt}(L)A^k(LA^k)^mP_{nt}(L)\\&=(LA^k)^mL\cap S_{nt}(L)A^k(LA^k)^{m-1}LA^kP_{nt}(L)\\&\subseteq(LA^k)^mL\cap A^+(LA^k)^{m-1}LA^+.\end{aligned}$$

(1)⇒(3) 令 L 是指数为 m 的 k-逗点关联码，即

$$(LA^k)^m L \cap A^+(LA^k)^{m-1}LA^+ = \emptyset.$$

因 A^k 是前缀码,又由命题 1.4.2 可知

$$A^k[(LA^k)^m L \cap A^+(LA^k)^{m-1}LA^+]$$
$$= A^k(LA^k)^m L \cap A^+A^k(LA^k)^{m-1}LA^+ = \emptyset.$$

故 $A^k(LA^k)^m L \cap \overline{S}_{nt}(L)A^k(LA^k)^{m-1}LA^+ = \emptyset$.

同理,我们可以证明(1)⇒(4).

(2)⇒(1) 假设 $(LA^k)^m L \cap A^+(LA^k)^{m-1}LA^+ \neq \emptyset$. 因

$$(LA^k)^m L \cap A^+(LA^k)^{m-1}LA^+ = (LA^k)^m L \cap S_{nt}(L)A^k(LA^k)^m P_{nt}(L),$$

则有

$$(LA^k)^m L \cap S_{nt}(L)A^k(LA^k)^m P_{nt}(L) \neq \emptyset.$$

这表明一定存在 $u_1,\cdots,u_{m+1},v_1,\cdots,v_m \in L, x_1,\cdots,x_m,y_1,\cdots,y_{m+1} \in A^k, u \in S_{nt}(L)$, $v \in P_{nt}(L)$,使得

$$u_1x_1\cdots u_mx_mu_{m+1} = uy_1v_1y_2\cdots v_my_{m+1}v.$$

对于 $u \in S_{nt}(L), v \in P_{nt}(L)$,一定存在 $w_1, w_2 \in A^+$,使得 $w_1u, vw_2 \in L$. 因此,

$$w_1u_1x_1\cdots u_mx_mu_{m+1}w_2 = w_1uy_1v_1y_2\cdots v_my_{m+1}vw_2.$$

这表明 $(LA^k)^{m+1}L \cap A^+(LA^k)^m LA^+ \neq \emptyset$,这与 L 是指数为 $m+1$ 的 k−逗点关联码矛盾. 因此我们有 $(LA^k)^m L \cap A^+(LA^k)^{m-1}LA^+ = \emptyset$. 即 L 是指数为 m 的 k−逗点关联码.

(3)⇒(1) 假设 $(LA^k)^m L \cap A^+(LA^k)^{m-1}LA^+ \neq \emptyset$. 则有

$$A^k(LA^k)^m L \cap \overline{S}_{nt}(L)A^k(LA^k)^{m-1}LA^+ \neq \emptyset.$$

因此存在 $u_1,\cdots,u_{m+1},v_1,\cdots,v_m \in L, x_1,\cdots,x_{m+1},y_1,\cdots,y_m \in A^k, u \in \overline{S}_{nt}(L), y \in A^+$,使得

$$x_1u_1x_2\cdots u_mx_{m+1}u_{m+1} = uy_1v_1y_2\cdots v_{m-1}y_mv_my.$$

因 $u \in \overline{S}_{nt}(L)$,则存在 $u', v \in A^+$,使得 $u'v, vu \in L$. 故

$$(u'v)x_1u_1x_2\cdots u_mx_{m+1}u_{m+1} = u'(vu)y_1v_2y_2\cdots v_{m-1}y_mv_my.$$

这表明$(LA^k)^{m+1}L\cap A^+(LA^k)^m LA^+\neq\emptyset$,这与 L 是指数为 $m+1$ 的 k-逗点关联码矛盾.

同理,我们可以证明(4)⇒(1).

□

定理 4.2.5[8] 令 $L\subseteq U,k\geqslant 0$. 如果对任意 $u\in L$, $|u|>k$,那么 L 是任何指数的 1-k-逗点关联码.

证明:只需要说明 L 是指数为 1 的 1-k-逗点关联码即可. 假设 L 不是指数为 1 的 1-k-逗点关联码. 那么存在 $u\in L$,使得$\{u\}$不是 k-逗点码. 因此存在 x, $y\in A^+$, $w\in A^k$,使得 $uwu=xuy$. 因 $|u|>k$,下列三种情况之一成立:

(1) $u=x_1x_2$,其中 $x_1<_s u, x_2\leqslant_p w$.

(2) $u=r_1wr_2$,其中 $r_1<_s u, r_2<_p u$.

(3) $u=s_1s_2$,其中 $s_1\leqslant_s w, s_2<_p u$.

这几种情况都与 $u\in U$ 矛盾. 因此 L 是指数为 1 的 1-k-逗点关联码.

□

众所周知,指数为 m 的 k-逗点关联码是指数为 $m+1$ 的 k-逗点关联码,但指数为 m 的 k-逗点关联码却不一定是指数为 $m-1$ 的 k-逗点关联码. 如此可定义指数 m 的真 k-逗点关联码,也就是说,非空语言 L 是指数为 m 的 k-逗点关联码,却不一定是指数为 $m-1$ 的 k-逗点关联码,其中 $m\geqslant 1$. 称 L 是一个指数为 m 的真 k-逗点关联码 k,如果

$$L\in \boldsymbol{C}_{k,m}\backslash \boldsymbol{C}_{k,m-1}.$$

真 k-逗点码被定义为 k-逗点码. 记 $\boldsymbol{PC}_{k,m}$ 为所有指数为 m 的真 k-逗点关联码构成之集,即

$$\boldsymbol{PC}_{k,m}=\{L\in \boldsymbol{C}_{k,m}, L\notin \boldsymbol{C}_{k,m-1}\},$$

其中 $m\geqslant 2, k\geqslant 0$. 称 L 为极大真 k-逗点关联码,如果对任何 $x\in A^+\backslash L$, $L\cup\{x\}$都不是真 k-逗点关联码. L 是极小严格 k-逗点关联码当且仅当对任何 $x\in L$,

$L\setminus\{x\}$ 再也不是真 k-逗点关联码.

令 $m\geqslant 1, k\geqslant 0$,在 $\boldsymbol{PC}_{k,m}$ 上按如下方式定义一个关系≤:

对任意 $L_1, L_2\in \boldsymbol{PC}_{k,m}$,

$$L_1\leqslant L_2\Leftrightarrow L_1\subseteq L_2.$$

那么($\boldsymbol{PC}_{k,m}$,≤)是一个偏序集.

命题 4.2.2[8] 每个指数 m 的真 k-逗点关联码包含在一个极大指数 m 的真 k-逗点关联码中.

证明:令 L 是指数 m 的真 k-逗点关联码,$M=\{I\in \boldsymbol{PC}_{k,m}\mid L\subseteq I\}$, $I_1\subseteq I_2\subseteq I_3\cdots$是 M 中的升序链. 设 $\bar{I}=\cup_{i\geqslant 1}I_i$. 接下来说明 $\bar{I}\in C_{k,m}$. 因 $I_1\in C_{k,m}$,那么

$$(I_1A^k)^{m-1}I_1\cap A^+(I_1A^k)^{m-2}I_1A^+\neq\varnothing,$$

$$(I_1A^k)^{m}I_1\cap A^+(I_1A^k)^{m-1}I_1A^+=\varnothing.$$

因此,

$$(\bar{I}A^k)^{m-1}\bar{I}\cap A^+(\bar{I}A^k)^{m-2}\bar{I}A^+\neq\varnothing.$$

假设

$$(\bar{I}A^k)^{m}\bar{I}\cap A^+(\bar{I}A^k)^{m-1}\bar{I}A^+\neq\varnothing,$$

那么存在 $u_1,\cdots,u_{m+1},v_1,\cdots,v_m\in\bar{I}, x_1,\cdots,x_m,y_1,\cdots,y_{m-1}\in A^k, x,y\in A^+$,使得

$$u_1x_1\cdots u_mx_mu_{m+1}=xv_1y_1\cdots v_{m-1}y_{m-1}v_my.$$

在 M 的升序链中,令

$$u_1\in I_{i_1},\cdots,u_{m+1}\in I_{i_{m+1}},$$

$$v_1\in I_{j_1},\cdots,v_m\in I_{j_m},$$

$$l=\max\{i_1,\cdots,i_{m+1},j_1,\cdots,j_m\}.$$

则有

$$u_1,\cdots,u_{m+1},v_1,\cdots,v_m\in I_l,$$

$$u_1x_1\cdots u_mx_mu_{m+1}=xv_1y_1\cdots v_{m-1}y_{m-1}v_my.$$

这表明

$$(I_lA^k)^m I_l \cap A^+(I_lA^k)^{m-1}I_lA^+ \neq \emptyset,$$

但这与 $I_l \in \boldsymbol{C}_{k,m}$ 矛盾．因此 $\bar{I} \in \boldsymbol{C}_{k,m}$. 因 $L \subseteq \bar{I}$,那么 $\bar{I} \in M$. 这说明 $\bar{I}$ 是 $\{I_i \mid i \geqslant 1\}$ 的一个上界．由佐恩引理知,M 有极大元,记为 L'. 还存在 $L'' \in C_{k,m}$ 使得 $L' \subseteq L''$. 因 $L \subseteq L' \subseteq L''$,所以

$$L'' \in M.$$

因 L' 是 M 的极大元,所以 $L' = L''$. 故 L' 是包含 L 的极大指数 m 的真 k-逗点关联码．

□

命题 4.2.3[8]　每个指数 m 的真 k-逗点关联码包含一个极小指数 m 的真 k-逗点关联码．

证明: 令 L 严格指数 m 的 k-逗点关联码．那么

$$(LA^k)^m L \cap A^+(LA^k)^{m-1}LA^+ = \emptyset$$

且

$$(LA^k)^{m-1} L \cap A^+(LA^k)^{m-2}LA^+ \neq \emptyset.$$

若 L 是有限的,令 L' 满足条件

$$(L'A^k)^{m-1} L' \cap A^+(L'A^k)^{m-2}L'A^+ \neq \emptyset$$

的 L 的元素个数是最小的子集．故 L' 是 L 的极小指数 m 的真 k-逗点关联码．

若 L 是无限的,当 $m=1$ 时,那么对任意 $u \in L$, $\{u\}$ 是极小 k-逗点码．因此,每个 k-逗点码都包含一个极小 k-逗点码．当 $m \geqslant 2$ 时,因

$$(LA^k)^{m-1} L \cap A^+(LA^k)^{m-2}LA^+ \neq \emptyset,$$

那么存在 $u_1, \cdots, u_m, v_1, \cdots, v_{m-1} \in L, x_1, \cdots, x_{m-1}, y_1, \cdots, y_{m-2} \in A^k, x, y \in A^+$,使得

$$u_1 x_1 \cdots u_{m-1} x_{m-1} u_m = x v_1 y_1 \cdots v_{m-2} y_{m-2} v_{m-1} y.$$

令 $L_1 = \{u_1, \cdots, u_m, v_1, \cdots, v_{m-1}\} \subseteq L, L_1 \in C_{k,m}$. 因 L_1 有限,那么 L_1 存在一个满足条件

$$L' \subseteq L_1 \subseteq L$$

且元素个数最小的极小指数为 m 的真 k-逗点关联码 L'. 因此,L'是包含在 L 中的极小真 k-逗点关联码.

□

4.2.3 内缀 k-逗点关联码

设 L 是一个指数为 m 的 k-逗点关联码,其中 $k\geqslant 0, m\geqslant 1$. 则 L 是一个双缀码,特别地,当 $m=1$ 时,L 是一个内缀码. 但是,当 $m\geqslant 2$ 时,L 可能不是一个内缀码,例子如下:

例 4.2.2 当 $A=\{a,b\}$ 时,有 $L_1=\{b^2ab^3, ab^2\}$ 是指数为 2 的关联码但不是内缀码;

$$L_2=\{b^2a^{k+1}ba^kb^2, a^{k+1}b\}, k\geqslant 1$$

是指数为 2 的 k-逗点关联码但不是内缀码. 此外,关于 $k\geqslant 0$,也存在指数为 2 的 k-逗点关联码,且不是 k-逗点码,但它是内缀码,例如,当 $A=\{a,b\}$,有

$$L_3=\{ab^2a, ba^2\}$$

是指数为 2 的关联码,且不是无逗点码,但它是内缀码;

$$L_4=\{ab^{k+1}a, ba^{k+1}\}, k\geqslant 1$$

是指数为 2 的 k-逗点关联码,且不是 k-逗点码,但它是内缀码.

□

引理 4.2.3[13] 令 L 为 A 上一非空语言,$k\geqslant 0$. 则 L 是内缀码当且仅当 LA^k 是内缀码,也当且仅当 A^kL 是内缀码.

引理 4.2.4[76] 令 L 为 A 上一双缀码,$k\geqslant 0$ 和 $m,n\geqslant 1$. 则 L 是内缀码当且仅当关于所有的 $n\geqslant m\geqslant 1$,有

$$(LA^k)^{m-1}L\cap A^+(LA^k)^{n-1}LA^+=\emptyset.$$

证明:充分性. 取 $m=n=1$ 立得.

必要性. 关于 n 作数学归纳法. 因为 L 是一个内缀码,所以 $L\cap A^+LA^+=\emptyset$,

即结论关于 $n=1$ 成立.

假设 $n=l$ 时,结论成立,即关于所有的 $l\geqslant m\geqslant 1$,有

$$(LA^k)^{m-1}L\cap A^+(LA^k)^{l-1}LA^+=\varnothing,$$

则,关于所有的 $l+1\geqslant m$,$(LA^k)^{m-1}L\cap A^+(LA^k)^{l}LA^+=\varnothing$. 否则,如果存在正整数 i,$l+1\geqslant i\geqslant 1$ 使得 $(LA^k)^{i-1}L\cap A^+(LA^k)^{l}LA^+\neq\varnothing$,那么存在

$$u_1,u_2,\cdots,u_i,v_1,v_2,\cdots,v_{l+1}\in L,x_1,x_2,\cdots,x_{i-1},y_1,y_2,\cdots,y_l\in A^k,u,v\in A^+,$$

使得

$$u_1x_1u_2x_2\cdots u_{i-1}x_{i-1}u_j=uv_1y_1v_2y_2\cdots v_ly_lv_{l+1}v.$$

这表明 $i\geqslant 2$. 否则,若 $i=1$,则 $L\cap A^+(LA^k)^lLA^+\neq\varnothing$,这与 L 是内缀码矛盾. 因为 L 是一个内缀码,根据引理 4.2.3,LA^k 是内缀码,于是,$u_1x_1\in P_{nt}(uv_1y_1)$,从而存在 $w\in A^+$ 使得 $uv_1y_1=u_1x_1w$,故

$$u_2x_2\cdots u_{i-1}x_{i-1}u_j=wv_2y_2\cdots v_ly_lv_{l+1}v,$$

也就是说,$(LA^k)^{i-2}L\cap A^+(LA^k)^{l-1}LA^+\neq\varnothing$,这与假设矛盾.

□

引理 4.2.5[76] 令 L 为 A 上一内缀码,$k\geqslant 0$,$m\geqslant 1$. 如果存在 $u_1,u_2,\cdots,u_{m+1},v_1,v_2,\cdots,v_m\in L,x_1,x_2,\cdots,x_m,y_1,y_2,\cdots,y_{m-1}\in A^k,u,v\in A^+$,使得

$$u_1x_1u_2x_2\cdots u_mx_mu_{m+1}=uv_1y_1v_2y_2\cdots v_{m-1}y_{m-1}v_mv,$$

那么 $u\in P_{nt}(u_1x_1)$,$v\in S_{nt}(x_mu_{m+1})$.

证明:注意到 L 是一个内缀码,根据引理 4.2.3,LA^k 和 A^kL 均是内缀码,从而,$u\notin(LA^k)^+$,$v\notin(A^kL)^+$,否则,u 或 v 是空字. 于是,存在一个最小的正整数 i,$1\leqslant i\leqslant m$ 使得 $u\in P_{nt}(u_1x_1\cdots u_ix_i)$. 故存在

$$u'\in P_{nt}(u_ix_i)$$

使得 $u=u_1x_1\cdots u_{i-1}x_{i-1}u'$ 且

$$u_ix_i\cdots u_mx_mu_{m+1}=u'v_1y_1\cdots v_{m-1}y_{m-1}v_mv.$$

类似地,必定存在一个最大的正整数 j,且 $i<j\leqslant m+1$ 使得

$$v \in S_{nt}(x_{j-1}u_jx_j\cdots u_mx_mu_{m+1}),$$

从而存在 $v' \in S_{nt}(x_{j-1}u_j)$ 使得 $v=v'(x_ju_{j+1}\cdots u_mx_mu_{m+1})$，这表明

$$u_ix_i\cdots u_{j-1}x_{j-1}u_j=u'(v_1y_1\cdots v_{m-1}y_{m-1}v_m)v'.$$

故 $(LA^k)^{j-i}L\cap A^+(LA^k)^{m-1}LA^+\neq\emptyset$. 由命题 4.1.2 可知，$m<j-i+1$，即 $j-i\geqslant m$. 而 $1\leqslant j\leqslant m+1$，$1\leqslant i\leqslant m$，因此，$j-i\leqslant m$. 于是，$j-i=m$，故 $j=m+1$，$i=1$，即 $u\in P_{nt}(u_1x_1)$，$v\in S_{nt}(x_mu_{m+1})$.

□

关于 $k\geqslant0$，$m\geqslant2$，定义如下记号：

$$\boldsymbol{R}_1=\{L\subseteq A^+\mid S_{nt}(L)A^k(LA^k)^{m-1}P_{nt}(L)\cap(LA^k)^{m-1}L=\emptyset\},$$

$$\boldsymbol{R}_2=\{L\subseteq A^+\mid A^{\leqslant k}(LA^k)^{m-1}P_{nt}(L)\cap(LA^k)^{m-1}L=\emptyset\},$$

$$\boldsymbol{R}_3=\{L\subseteq A^+\mid S_{nt}(L)(A^kL)^{m-1}A^{\leqslant k}\cap(LA^k)^{m-1}L=\emptyset\},$$

$$\boldsymbol{R}_4=\{L\subseteq A^+\mid A^{\leqslant k}L(A^kL)^{m-2}A^{\leqslant k}\cap(LA^k)^{m-1}L=\emptyset\}.$$

令 $A=\{a,b\}$，$L=\{ab^{k+1}a\}$，$k\geqslant0$. 则，L 是一个内缀码，并且 $L\in\cap_{i=1}^4\boldsymbol{R}_i$. 事实上，注意到

$$S_{nt}(L)=\{b^ia\mid 0\leqslant i\leqslant k+1\},$$

$$P_{nt}(L)=\{ab^j\mid 0\leqslant j\leqslant k+1\}.$$

如果 $L\notin\boldsymbol{R}_1$，那么 $S_{nt}(L)=P_{nt}(L)=\{a\}$，于是，

$$aA^k(ab^{k+1}aA^k)^{m-1}a\cap(ab^{k+1}aA^k)^{m-1}ab^{k+1}a\neq\emptyset,$$

矛盾. 因此，$L\in\boldsymbol{R}_1$. 类似地，可以证明 $L\in\boldsymbol{R}_j$，$j=2,3,4$. 也就是说，存在一个内缀码 L 使得 $lg(L)>k$，并且 $L\in\cap_{i=1}^4\boldsymbol{R}_i$.

定理 4.2.6[76] 令 L 为 A 上一内缀码，$k\geqslant0$，$m\geqslant1$. 则 L 是指数为 m 的 k−逗点关联码，其中 $m\geqslant2$ 当且仅当 $L\in\cap_{i=1}^4\boldsymbol{R}_i$.

证明：(⇒) 首先证明 $L\in\boldsymbol{R}_1$. 事实上，如果 $L\notin\boldsymbol{R}_1$，那么存在

$$u\in S_{nt}(L),v\in P_{nt}(L),u_1,u_2,\cdots,u_{m-1},v_1,v_2,\cdots,$$

$$v_m\in L,x_1,x_2,\cdots,x_m,y_1,y_2,\cdots,y_{m-1}\in A^k,$$

使得

$$ux_1(u_1x_2\cdots u_{m-1}x_m)v=(v_1y_1\cdots v_{m-1}y_{m-1})v_m.$$

对于 $u\in S_{nt}(L)$，$v\in P_{nt}(L)$，存在 $u',v'\in A^+$ 使得 $u'u$，$vv'\in L$，从而，

$$(u'ux_1)u_1x_2\cdots u_{m-1}x_mvv'=u'(v_1y_1\cdots v_{m-1}y_{m-1}v_m)v',$$

于是，$(LA^k)^mL\cap A^+(LA^k)^{m-1}LA^+\neq\emptyset$，这与 L 是一个指数为 m 的 k-逗点关联码矛盾.

同理，可以证明 $L\in\boldsymbol{R}_i$，$i=2,3,4$，故 $L\in\bigcap_{i=1}^{4}\boldsymbol{R}_i$.

($\Leftarrow$)假设 L 不是指数为 m 的 k-逗点关联码，那么

$$(LA^k)^mL\cap A^+(LA^k)^{m-1}LA^+\neq\emptyset,$$

于是，存在 $u_1,u_2,\cdots,u_{m+1},v_1,v_2,\cdots,v_m\in L$，$x_1,x_2,\cdots,x_m,y_1,y_2,\cdots,y_{m-1}\in A^k$，$u$，$v\in A^+$ 使得

$$u_1x_1\cdots u_mx_mu_{m+1}=uv_1y_1\cdots v_{m-1}y_{m-1}v_mv.$$

由引理 4.2.5 可知，$u\in P_{nt}(u_1x_1)$，$v\in S_{nt}(x_mu_{m+1})$. 根据 u 和 v 的长度，将证明分成以下四种情况：

情形 1　$u<_pu_1$，$v<_su_{m+1}$.

情形 2　$u_1\leqslant_pu<_pu_1x_1$，$v<_su_{m+1}$.

情形 3　$u<_pu_1$，$u_{m+1}\leqslant_sv<_sx_mu_{m+1}$.

情形 4　$u_1\leqslant_pu<_pu_1x_1$，$u_{m+1}\leqslant_sv<_sx_mu_{m+1}$.

关于情形 1 和情形 2，存在 $w_1\in A^+$($w_2\in A^{\leqslant k}\cap A^+$)，$z_1\in A^+$ 使得 $u_1=uw_1$($u_1x_1=uw_2$)，$u_{m+1}=z_1v$，于是，

$$w_1x_1(u_2x_2\cdots u_mx_m)z_1=v_1y_1\cdots v_{m-1}y_{m-1}v_m$$

$$((w_2u_2x_2\cdots u_mx_m)z_1=v_1y_1\cdots v_{m-1}y_{m-1}v_m),$$

故 $L\notin\boldsymbol{R}_1$($L\notin\boldsymbol{R}_2$)，矛盾.

关于情形 3 和情形 4，存在 $w_3\in A^+$($w_4\in A^{\leqslant k}\cap A^+$)，$z_2\in A^{\leqslant k}\cap A^+$ 使得

$$u_1=uw_3(u_1x_1=uw_4),x_mu_{m+1}=z_2v,$$

于是，

$$w_3x_1(u_2x_2\cdots u_m)z_2=v_1y_1\cdots v_{m-1}y_{m-1}v_m$$

$$((w_4u_2x_2\cdots u_m)z_2=v_1y_1\cdots v_{m-1}y_{m-1}v_m),$$

故 $L\notin \boldsymbol{R}_3(L\notin \boldsymbol{R}_4)$，矛盾．

□

例 4.2.3 关于 $A=\{a,b\}$ 上的语言

$$L=\{ab^{k+1}a,a^2b^{k+1}a^2,ab^{k+2}a,ab^{k+3}ab^{k+2}a^2\},k\geqslant 0,$$

通过计算，可得

$$S_{nt}(L)=\bigcup_{i=0}^{k+2}b^ia\bigcup\left(\bigcup_{i=0}^{k+2}b^ia^2\right)\bigcup\{ab^{k+1}a^2\}\bigcup\left(\bigcup_{i=0}^{k+3}b^iab^{k+2}a^2\right),$$

$$P_{nt}(L)=\bigcup_{i=0}^{k+3}ab^i\bigcup\left(\bigcup_{i=0}^{k+1}a^2b^i\right)\bigcup\left(\bigcup_{i=0}^{k+2}ab^{k+3}ab^i\right)\bigcup\{ab^{k+3}ab^{k+2}a,a^2b^{k+1}a\}.$$

若 $L\notin \boldsymbol{R}_1$，则有

$$S_{nt}(L)=\{a,a^2,ab^{k+1}a^2,ab^{k+2}a^2\},$$

$$P_{nt}(L)=\{a,a^2,ab^{k+3}a,ab^{k+3}ab^{k+2}a,a^2b^{k+1}a\}.$$

但此时 $S_{nt}(L)A^k(LA^k)^{m-1}P_{nt}(L)\cap(LA^k)^{m-1}L\neq\varnothing$，矛盾．故 $L\in\boldsymbol{R}_1$．同理可证 $L\in\boldsymbol{R}_i,i=2,3,4$，即 $L\in\cap_{i=1}^4\boldsymbol{R}_i$．根据定理 4.2.6，$L$ 是一个指数为 m 的 k-逗点关联码，其中 $m\geqslant 2$.

4.3 k-逗点码、k-逗点关联码及相关码的运算性质

4.3.1 乘积性质

命题 4.3.1[13] 对 $k\geqslant 0,m\geqslant 1$，指数为 m 的 k-逗点关联码族在并、乘积、+、

补或非消除同态下不封闭．k–逗点关联码族在上述运算下也不封闭．

证明：根据命题 4.1.5，只需证明某些 k–逗点码族在这些运算下可能不是双缀码，或者不是任意指数的 k–逗点关联码．

容易验证这两个 k–逗点码 $\{ab^{1+k}a\}$ 和 $\{ab^{1+k}ab^{1+k}a\}$ 之并不是一个双缀码，k–逗点码

$$L_1=\{aab^1+ka\},L_2=\{ab^{1+k}aab\}$$

的乘积不是任意指数的 k–逗点关联码．对任意 $L\subseteq A^+$，L^+ 不是双缀码．k–逗点码

$$\{ab^{k+1}a\}$$

的补不是双缀码．考虑字母表 $A_1=\{a,b\}$，$A_2=\{a\}$，同态

$$f:A_1^*\to A_2^*$$

$$a\mapsto a,$$

$$b\mapsto a$$

是一个非消除同态，f 将 k–逗点码 $\{ab^{1+k}a,ab^{2+k}a\}$ 映射到 $\{a^{k+3},a^{4+k}\}$，后者显然不是双缀码．

□

命题 4.3.2[13]　令 L_1,L_2 为 A 上的两个语言．如果 $L_1\cup L_2$ 是一个 k–逗点码，那么 L_1L_2 也是一个 k–逗点码．

证明：假设 L_1L_2 不是 k–逗点码．那么存在 $u_1,u_2,u_3\in L_1,v_1,v_2,v_3\in L_2,w\in A^k$ 使得

$$u_1v_1wu_2v_2=ru_3v_3s,r,s\in A^+.$$

因 k–逗点码是内缀码，所以 $L_1\cup L_2$ 是内缀码．于是有如图 4–1 所示的两种情况．然而，此时 $L_1\cup L_2$ 不是 k–逗点码．故，L_1L_2 是 k–逗点码，因此是任意指数的 k–逗点关联码．

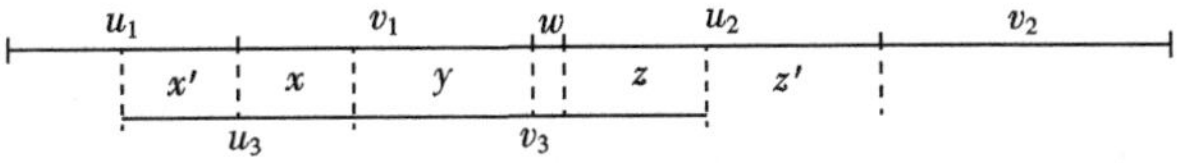

情形1

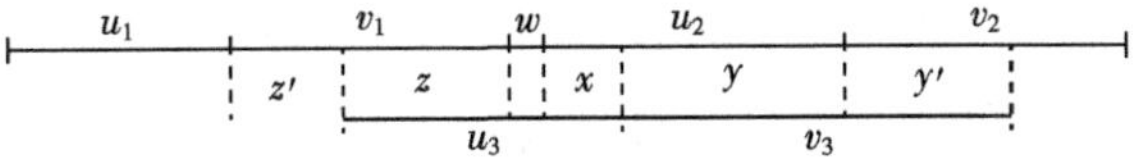

情形2

图 4-1　两种情形

□

接下来给出在$\{L_1,L_2\}$是内缀码 L 的一个分划的条件下,L_1L_2 是 k-逗点码的一个充要条件,进而获得 L_1L_2 是指数为 m 的 k-逗点关联码的一个充分条件,$m\geqslant 1$.

令 $\emptyset\neq L_1,L_2\subseteq A^+$,定义如下语言:

$$\overline{P}_{nt}(L_2,L_1)=\Big(\bigcup_{x\in P_{nt}(L_1)}L_2x^{-1}\Big)\setminus\{1\},$$

$$\overline{S}_{nt}(L_2,L_1)=\Big(\bigcup_{x\in S_{nt}(L_2)}x^{-1}L_1\Big)\setminus\{1\}.$$

定理 4.3.1[13]　令 L 为 A 上一内缀码且 $lg(L)>k,k\geqslant 0,\{L_1,L_2\}$ 是 L 的一个分划. 则 L_1L_2 是一个 k-逗点码当且仅当以下三条成立:

(1)关于每一个 $x\in\overline{S}_{nt}(L_1),y\in PS_{nt}(L)(L_2)$,且 $xy\in L_2$,若存在 $z\in\overline{S}_{nt}(L_2)$ 使得 $yz\in L_2$,则 $|z|>k$ 且 $z\notin A^kP_{nt}(L_1)$.

(2)关于每一个 $x\in PS_{nt}(L)(L_1),y\in\overline{P}_{nt}(L_2)$,且 $xy\in L_1$,若存在 $z\in\overline{P}_{nt}(L_1)$ 使得 $zx\in L_1$,则 $|z|>k$ 且 $z\notin S_{nt}(L_2)A^k$.

(3)关于每一个 $x\in\overline{S}_{nt}(L_2,L_1),y\in\overline{P}_{nt}(L_2,L_1)$,都有 $|xy|\neq k$.

证明:根据 k-逗点码的定义,L_1L_2 不是一个 k-逗点码当且仅当存在 $u_1,u_2,u_3\in L_1,v_1,v_2,v_3\in L_2,w\in A^k,r,s\in A^+$使得 $u_1v_1wu_2v_2=ru_3v_3s$,当且仅当下列三种

情形之一成立：

情形 1 存在 $z_1 \in S_{nt}(u_1)$ 使得 $u_3 = z_1x, v_3 = yz, v_1 = xy$，存在 $z_2 \in A^{<k}$，或 $z_2 \in P_{nt}(u_2)$ 使得 $w = zz_2$，或 $z = wz_2$，具体如图 4-2 和图 4-3 所示.

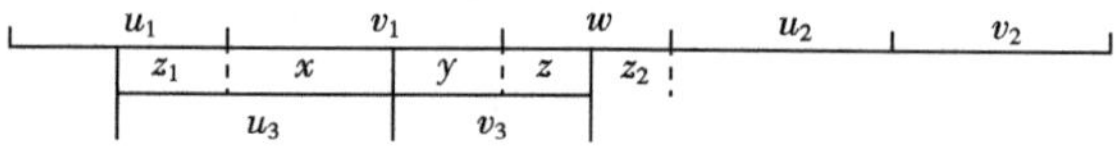

图 4-2 $w=zz_2$

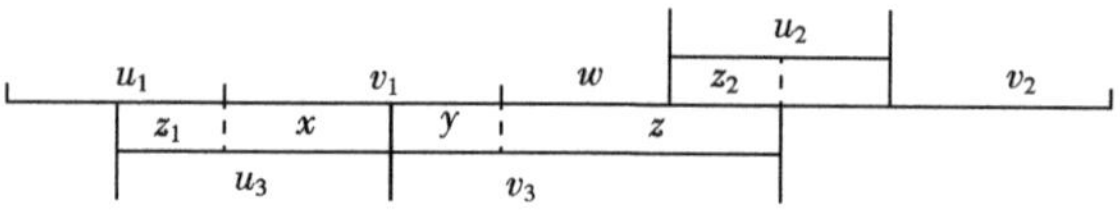

图 4-3 $z=wz_2$

情形 2 存在 $z_2 \in P_{nt}(v_2)$ 使得 $v_3 = yz_2, u_2 = xy, u_3 = zx$，存在 $z_1 \in A^{<k}$ 或 $z_1 \in S_{nt}(v_1)$ 使得 $w = z_1z$，或 $z = z_1w$，具体如图 4-4 和图 4-5 所示：

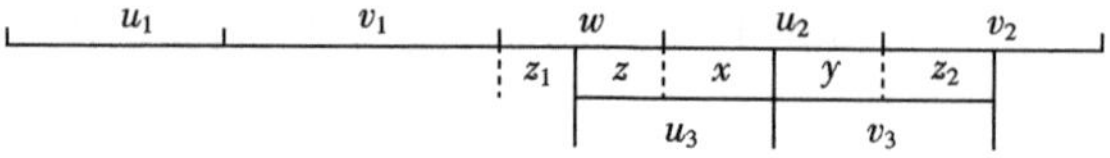

图 4-4 $w=z_1z$

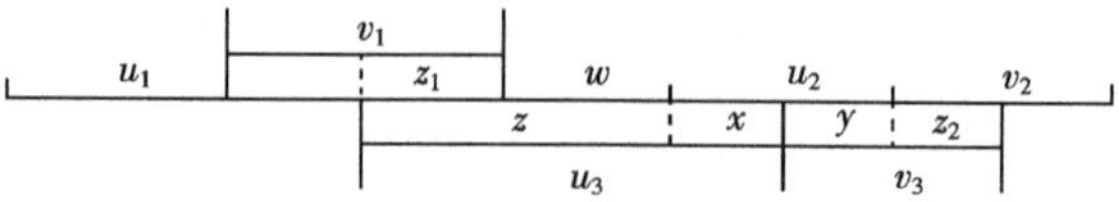

图 4-5 $z=z_1w$

情形 3　存在 $z_1 \in S_{nt}(v_1)$ 和 $z_2 \in P_{nt}(u_2)$ 使得 $u_3 = z_1x, v_3 = yz_2, w = xy$，具体如图 4-6 所示.

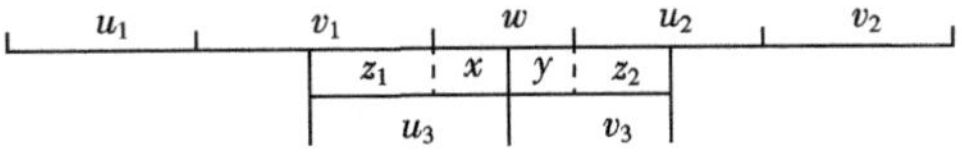

图 4-6　$u_3 = z_1x, v_3 = yz_2, w = xy$

这三种情形分别与条件(1)、条件(2)、条件(3)矛盾. 因此，条件(1)、条件(2)、条件(3)成立当且仅当 L_1L_2 是一个 k-逗点码.

□

根据定理 4.3.1 的证明，可以获得一个更简单的方式来构建 L_1L_2 形式的指数为 m 的 k-逗点关联码.

推论 4.3.1[76]　令 L 为 A 上一内缀码且 $lg(L) > k, k \geqslant 0$，$\{L_1, L_2\}$ 是 L 的一个分划. 如果 L_1, L_2 满足下面两个条件：

(1) $\overline{P}_{nt}(L_2) \cap \overline{S}_{nt}(L_1) = \emptyset$.

(2) 下列三款之一成立：

(i) $P_{nt}(L_1) \cap S_{nt}(L_2) = \emptyset$.

(ii) $\overline{P}_{nt}(L_2, L_1) = \emptyset$.

(iii) $\overline{S}_{nt}(L_2, L_1) = \emptyset$.

那么，L_1L_2 是一个指数为 m 的 k-逗点关联码，其中 $m \geqslant 1$.

证明：由命题 4.1.5 可知，若能证明 L_1L_2 是 k-逗点码，则结论成立. 假设 L_1L_2 不是 k-逗点码，根据定理 4.3.1 的证明，有三种情形，在情形 1 和情形 2 中，分别有

$$x \in \overline{P}_{nt}(L_2) \cap \overline{S}_{nt}(L_1), y \in \overline{P}_{nt}(L_2) \cap \overline{S}_{nt}(L_1),$$

这与已知条件矛盾；在情形 3 中，

$$\{z_1,z_2\}\subseteq P_{nt}(L_1)\cap S_{nt}(L_2),x\in\overline{P}_{nt}(L_2,L_1),y\in\overline{S}_{nt}(L_2,L_1),$$

与已知条件矛盾.

□

4.3.2 同态运算

本小节讨论保持 k-逗点码、k-逗点关联码及相关码的同态和非消除逆同态.

定理 4.3.2 令 $h:A^*\to A^*$ 是一单同态映射. 若 $h(A)$ 既是 k-逗点码,又是无逗点码,那么 h 保持 k-逗点码.

证明:假设 L 是 k-逗点码,但 $h(L)$ 不是 k-逗点码,则

$$h(L)X^kh(L)\cap A^+h(L)A^+\neq\varnothing,$$

那么存在 $u,v,w\in L,z\in X^k,x,y\in A^+$ 使得 $h(u)zh(v)=xh(w)y$. 令

$$u=u_1u_2\cdots u_n,u_i\in X,i=1,2,\cdots,n$$

$$v=v_1v_2\cdots v_m,v_j\in X,j=1,2,\cdots,m$$

$$w=w_1w_2\cdots w_l,w_r\in X,r=1,2,\cdots,l.$$

因为 h 是一同态映射,则

$$h(u_1)h(u_2)\cdots h(u_n)zh(v_1)h(v_2)\cdots h(v_m)=xh(w_1)h(w_2)\cdots h(w_l)y.$$

因此,下列三种情形成立:

(1) $x=h(u_1)h(u_2)\cdots h(u_i)x_1$,其中 $x_1x_2=h(u_{i+1}),0\leqslant i<n$.

(2) $x=h(u_1)h(u_2)\cdots h(u_n)z_1$,其中 $z_1z_2=z,z_2\neq 1$.

(3) $x=h(u_1)\cdots h(u_n)zh(v_1)h(v_2)\cdots h(v_j)x_3$,其中 $x_3x_4=h(v_{j+1}),0\leqslant j<m$.

当(1)成立时,有

$$x_2h(u_{i+2})\cdots h(u_n)zh(v_1)\cdots h(v_m)=h(w_1)h(w_2)\cdots h(w_l)y.$$

(1-1)若 $x_1=1$ 或 $x_2=1$,不失一般性,我们假设 $x_1=1$,那么

$$h(u_{i+1})\cdots h(u_n)zh(v_1)\cdots h(v_m)=h(w_1)h(w_2)\cdots h(w_l)y.$$

(1-1-1)若 $i=n-1$,那么

$$h(u_n)zh(v_1)\cdots h(v_m)=h(w_1)h(w_2)\cdots h(w_l)y.$$

因 $h(A)$是无逗点码,则 $h(A)$是内缀码,因此是前缀码.

若 $|h(u_n)|\neq|h(w_1)|$,则

$$h(u_n)<_p h(w_1)\text{ 或 }h(w_1)<_p h(u_n),$$

这与 $h(A)$是前缀码矛盾. 因此 $|h(u_n)|=|h(w_1)|$. 于是,$h(u_n)=h(w_1)$. 故

$$zh(v_1)\cdots h(v_m)=h(w_2)\cdots h(w_l)y.$$

而 $|h(w_2)|>k$. 我们考虑 $h(w_2)$与 $zh(v_1)$长度的大小关系. 若 $|h(w_2)|<|zh(v_1)|$,那么存在 $y_1\in A^+$使得 $zh(v_1)=h(w_2)y_1$. 因此,$h(u_n)zh(v_1)=h(u_n)h(w_2)y_1$,这与 $h(A)k$-逗点码矛盾. 若 $|h(w_2)|\geqslant|zh(v_1)|$,那么 $h(v_1)$是 $h(w_2)$的真内缀,这与 $h(A)$是内缀码矛盾.

(1-1-2)若 $0<i<n-1$,我们考虑 $h(u_{i+1})$和 $h(w_1)$的长度. 若 $|h(u_{i+1})|\neq|h(w_1)|$,那么 $h(u_{i+1})<_p h(w_1)$或者 $h(w_1)<_p h(u_{i+1})$,无论哪种情形都与 $h(A)$是前缀码矛盾. 因此,$|h(u_{i+1})|=|h(w_1)|$,则 $h(u_{i+1})=h(w_1)$.

(i)若 $i+l=n$,那么

$$h(u_{i+2})=h(w_2),\cdots,h(u_n)=h(w_l).$$

因为 h 是单射,所以 $u_{i+1}=w_1,\cdots,u_n=w_l$. 从而,$u=(u_1\cdots u_i)w\in A^+L$. 因 L 是 k-逗点码,则 L 是内缀码,故 L 是后缀码. 矛盾.

(ii)若 $i+l>n$,那么

$$h(u_{i+2})=h(w_2),\cdots,h(u_n)=h(w_{n-i}).$$

因此

$$zh(v_1)\cdots h(v_m)=h(w_{n-i+1})\cdots h(w_l)y.$$

若 $|h(w_{n-i+1})|<|zh(v_1)|$,则存在 $y_2\in A^+$使得 $zh(v_1)=h(w_{n-i+1})y_2$. 因此我们有

$$h(u_n)zh(v_1)=h(u_n)h(w_{n-i+1})y_2$$

这与 $h(A)$ 是 k-逗点码矛盾．若 $|h(w_{n-i+1})| \geqslant |zh(v_1)|$，那么 $h(v_1)$ 是 $h(w_{n-i+1})$ 的真内缀，这与 $h(A)$ 是内缀码矛盾．

（iii）若 $i+l<n$，那么

$$h(u_{i+1})=h(w_1),\cdots,h(u_{i+l})=h(w_l)$$

因为 h 是单射，则

$$u_{i+1}=w_1,\cdots,u_{i+l}=w_l,$$

故 $u=(u_1\cdots u_i)w\cdots$，但这与 L 是内缀码矛盾．

（1-2）若 $x_1\neq 1$ 且 $x_2\neq 1$，我们有以下两种情形：

（1-2-1）若 $i=n-1$，那么

$$x_2zh(v_1)\cdots h(v_m)=h(w_1)\cdots h(w_l)y.$$

若 $|h(w_1)| \leqslant |x_2|$，则存在 $y_3\in A^*$ 使得 $x_2=h(w_1)y_3$，因此 $h(u_n)=x_1h(w_1)y_3$. 矛盾．若

$$|x_2|<|h(w_1)|<|x_2zh(v_1)|,$$

则存在 $y_4\in A^+$ 使得 $x_2zh(v_1)=h(w_1)y_4$，因此

$$h(u_n)zh(v_1)=x_1h(w_1)y_4.$$

这与 $h(A)$ 是 k-逗点码矛盾．若 $|h(w_1)| \geqslant |x_2zh(v_1)|$，那么 $h(v_1)$ 是 $h(w_1)$ 的真内缀，这与 $h(A)$ 是内缀码矛盾．

（1-2-2）若 $0\leqslant i<n-1$，则

$$x_2h(u_{i+2})\cdots h(u_n)zh(v_1)\cdots h(v_m)=h(w_1)\cdots h(w_l)y.$$

若 $|h(w_1)| \leqslant |x_2|$，那么存在 $y_5\in A^*$ 使得 $x_2=h(w_1)y_5$，因此 $h(u_{i+1})=x_1h(w_1)y_5$. 矛盾．

若 $|x_2|<|h(w_1)|<|x_2h(u_{i+2})|$，那么存在 $y_6\in A^+$ 使得 $x_2h(u_{i+2})=h(w_1)y_6$. 因此，

$$h(u_{i+1})h(u_{i+2})=x_1h(w_1)y_6,$$

这与 $h(A)$ 是无逗点码矛盾．

若 $|h(w_1)| \geqslant |x_2h(u_{i+2})|$，则 $h(u_{i+2})$ 是 $h(w_1)$ 的真内缀，这与 $h(A)$ 是内缀码矛盾．

当(2)成立时，则

$$z_2h(v_1)\cdots h(v_m)=h(w_1)\cdots h(w_l)y.$$

因为 $h(A)$ 是 k-逗点码，所以 $|h(w_1)|>|z|>|z_2|$．

若 $|z_2|<|h(w_1)|<|z_2h(v_1)|$，则存在 $y_7 \in A^+$ 使得 $z_2h(v_1)=h(w_1)y_7$，因此，

$$h(u_n)zh(v_1)=(h(u_n)z_1)h(w_1)y_7,$$

这与 $h(A)$ 是无逗点码矛盾．

若 $|h(w_1)| \geqslant |z_2h(v_1)|$，则 $h(v_1)$ 是 $h(w_1)$ 的真内缀，这与 $h(A)$ 是内缀码矛盾．

当(3)成立时，则

$$x_4h(v_{i+2})\cdots h(v_m)=h(w_1)\cdots h(w_l)y.$$

我们考虑以下情形：

(3-1)若 $x_3=1$ 或 $x_4=1$. 不失一般性，我们假设 $x_3=1$，则

$$h(v_{j+1})\cdots h(v_m)=h(w_1)\cdots h(w_l)y.$$

若 $|h(v_{j+1})| \neq |h(w_1)|$，则 $h(v_{j+1})<_p h(w_1)$ 或 $h(w_1)<_p h(v_{j+1})$，这都与 $h(A)$ 是前缀码矛盾．因此，$|h(v_{j+1})|=|h(w_1)|$，那么 $h(v_{j+1})=h(w_1)$. 若 $j+l \geqslant m$，则

$$h(v_{j+2})=h(w_2),\cdots,h(v_m)=h(w_{m-j}).$$

因此，$y=1$. 矛盾．若 $j+l<m$，则

$$h(v_{j+1})=h(w_1),\cdots,h(v_{j+l})=h(w_l).$$

因为 h 是单射，则

$$v_{j+1}=w_1,\cdots,v_{j+l}=w_l.$$

因此，$v=v_1\cdots v_jw\cdots$，这与 L 是内缀码矛盾．

(3-2)若 $x_3 \neq 1$ 且 $x_4 \neq 1$,则

$$x_4 h(v_{j+2}) \cdots h(v_m) = h(w_1) \cdots h(w_l) y.$$

若 $j=m-1$,则 $x_4 = h(w_1) \cdots h(w_l) y$,因此,

$$h(v_m) = x_3 h(w_1) \cdots h(w_l) y,$$

这与 $h(A)$ 是内缀码矛盾.

若 $0 \leqslant j < m-1$,我们考虑以下三种情形:

(i)若 $|h(w_1)| \leqslant |x_4|$,则存在 $y_8 \in A^*$ 使得 $x_4 = h(w_1) y_8$,因此,$h(v_{j+1}) = x_3 h(w_1) y_8$. 矛盾.

(ii)若 $|x_4| < |h(w_1)| < |x_4 h(v_{j+2})|$,则存在 $y_9 \in A^+$ 使得 $x_4 h(v_{j+2}) = h(w_1) y_9$,因此,

$$h(v_{j+1}) h(v_{j+2}) = x_3 h(w_1) y_9,$$

这与 $h(A)$ 是无逗点码矛盾.

(iii)若 $|h(w_1)| \geqslant |x_4 h(v_{j+2})|$,则 $h(v_{j+2})$ 是 $h(w_1)$ 的真内缀,这与 $h(A)$ 是内缀码矛盾.

□

容易验证,$L = \{ab^{k+1}a\}$ $(a, b \in X, a \neq b, k \geqslant 0)$ 既是 k-逗点码也是无逗点码,这就是说,既是 k-逗点码又是无逗点码的语言是存在的.

注 4.3.1 上一命题的逆命题不成立. 设 $A = \{a, b\}$,

$$h(a) = \{a\}, h(b) = \{b^2\},$$

$L = \{ab^2\}$ 既是无逗点码又是 2-逗点码,$h(L) = \{ab^4\}$ 也是无逗点码和 2-逗点码,但 $h(A)$ 不是 2-逗点码.

设 $L \subseteq A^+$,对于 $k \geqslant 0$,如果 $LA^{\leqslant k}L \cap A^+LA^+ = \varnothing$,那么 L 称为 k-空间码.

定理 4.3.3 令 $h: A^* \to A^*$ 是一单同态映射. 若 $h(A)$ 是 k-空间码,$k \geqslant 0$,则 h 保持 k-空间码.

证明: 假设 L 是 k-空间码,但 $h(L)$ 不是 k-空间码. 那么定存在 $u, v, w \in L$,

$z \in X^{\leqslant k}$, $x, y \in A^+$使得 $h(u)zh(v)=xh(w)y$. 令

$$u=u_1\cdots u_n,$$

$$v=v_1\cdots v_m,$$

$$w=w_1\cdots w_l.$$

其中, $u_1,\cdots,u_n,v_1,\cdots,v_m,w_1,\cdots,w_l \in X$. 因此,

$$h(u_1)\cdots h(u_n)zh(v_1)\cdots h(v_m)=xh(w_1)\cdots h(w_l)y.$$

我们考虑以下三种情形:

(1) $x=h(u_1)\cdots h(u_i)x_1$, 其中 $x_1 \leqslant_p h(u_{i+1})$, $0 \leqslant i \leqslant n$.

(2) $x=h(u_1)\cdots h(u_n)z_1$, 其中 $z_1 <_p z$.

(3) $x=h(u_1)\cdots h(u_n)zh(v_1)\cdots h(v_j)y_1$, 其中 $y_1 \leqslant_p h(v_{j+1})$, $0 \leqslant j \leqslant m-1$.

对于(1), 我们考虑以下两种情况:

(1-1) 若 $x_1=1$ 或 $x_1=h(u_{i+1})$, 不失一般性, 我们假设 $x_1=1$.

(1-1-1) 若 $i=n$, 则

$$zh(v_1)\cdots h(v_m)=h(w_1)\cdots h(w_l)y.$$

若 $|h(w_1)|<|zh(v_1)|$, 则存在 $f_1 \in A^+$使得 $zh(v_1)=h(w_1)f_1$. 因此, $h(w_1)zh(v_1)=h(w_1)h(w_1)f_1$, 这与 $h(A)$ 是 k-空间码矛盾. 若 $|h(w_1)|>|zh(v_1)|$, 则存在 $f_2 \in A^+$使得 $h(w_1)=zh(v_1)f_2$, 那么 $h(w_1)$ 有真内缀 $h(v_1)$, 与 $h(A)$ 是内缀码矛盾. 若 $|h(w_1)|=|zh(v_1)|$, 那么我们考虑以下两种情形:

若 $z=1$, 则

$$h(v_1)\cdots h(v_m)=h(w_1)\cdots h(w_l)y.$$

从而, $|h(v_1)|=|h(w_1)|$, $h(v_1)=h(w_1)$.

事实上, 若 $|h(v_1)| \geqslant |h(w_1)|$, 则

$$h(v_1)<_p h(w_1) \text{ 或 } h(w_1)<_p h(v_1),$$

这与 $h(A)$ 是内缀码矛盾. 同样地, 我们有

$$h(v_2)=h(w_2),\cdots,h(v_r)=h(w_l), 1 \leqslant r<m.$$

因 h 是单射,则 $v_1=w_1,\cdots,v_r=w_r$. 因此,$v\in wA^+$,这与 $h(A)$ 是 k-空间码矛盾.

若 $z\neq1$,则 $h(w_1)$ 有一真内缀 $h(v_1)$. 与 $h(A)$ 是内缀码矛盾.

(1-1-2)若 $1\leqslant i<n$,那么

$$h(u_{i+1})\cdots h(u_n)zh(v_1)\cdots h(v_n)=h(w_1)\cdots h(w_l)y.$$

于是,$h(u_{i+1})=h(w_1)$,$h(u_{i+2})=h(w_2)$,$\cdots$. 事实上,若 $h(u_{i+1})<_p h(w_1)$ 或 $h(w_1)<_p h(u_{i+1})$,那么 $h(A)$ 不是内缀码,这与 $h(A)$ 是 k-空间码矛盾. 若 $h(w_1)=h(u_{i+1})$,我们考虑以下两种情况:

(i)若 $l\leqslant n-i$,那么 $h(u_{i+1})=h(w_1),\cdots,h(u_{i+l})=h(w_l)$. 因为 h 是单射,我们有 $u_{i+1}=w_1,\cdots,u_{i+l}=w_l$,那么 L 不是内缀码. 矛盾.

(ii)若 $l>n-i$,那么 $zh(v_1)\cdots h(v_m)=h(w_{n-i+1})\cdots h(w_l)y$,类似于(1-1-1),可得出矛盾的结论.

(1-2)若 $x_1\neq1$ 且 $x_1\neq h(u_{i+1})$,那么

$$x_2h(u_{i+2})\cdots h(u_n)zh(v_1)\cdots h(v_m)=h(w_1)\cdots h(w_l)y,x_1x_2=h(u_{i+2}).$$

(i)若 $i=n-1$,那么 $x_2zh(v_1)\cdots h(v_m)=h(w_1)\cdots h(w_l)y$. 若 $|h(w_1)|<|x_2zh(v_1)|$,则 $h(w_1)$ 是 $h(u_n)zh(v_1)$ 的真内缀. 矛盾. 若 $|h(w_1)|\geqslant|x_2zh(v_1)|$,则 $h(w_1)$ 有真内缀 $h(v_1)$. 矛盾.

(ii)若 $0\leqslant i\leqslant n-2$,那么

$$x_2h(u_{i+2})\cdots h(u_n)zh(v_1)\cdots h(v_m)=h(w_1)\cdots h(w_l)y.$$

若 $|h(w_1)|<|x_2h(u_{i+2})|$,那么 $h(w_1)$ 是 $h(u_{i+1})h(u_{i+2})$ 的真内缀. 矛盾. 若 $|h(w_1)|\geqslant|x_2h(u_{i+2})|$,那么 $h(w_1)$ 有真内缀 $h(u_{i+2})$. 矛盾.

对于(2),若 $x=h(u_1)\cdots h(u_n)z_1$,其中 $z_1<_p z$,则 $z_2h(v_1)\cdots h(v_n)=h(w_1)\cdots h(w_l)y$,其中 $z_1z_2=z$. 若 $|h(w_1)|<|z_2h(v_1)|$,那么 $h(w_1)$ 是 $h(u_n)zh(v_1)$ 的真内缀,这与 $h(A)$ 是 k-空间码矛盾;若 $|h(w_1)|\geqslant|z_2h(v_1)|$,则 $h(v_1)$ 是 $h(w_1)$ 的真内缀. 矛盾.

(3)与(2)类似.

综上所述，h 保持 k-空间码．□

命题 4.3.3　令 $h:A^*\to A^*$ 是一单同态．如果 $h(A)$ 既是无逗点码又是指数为 m 的 k-逗点关联码，那么 h 保持指数为 m 的 k-逗点关联码，其中 $m\geqslant 1$，$k\geqslant 0$.

证明：采用第二数学归纳法来证明．

当 $m=1$ 时，命题显然成立．假设当 $m\leqslant n$ 时该命题成立．令 $m=n+1$，假设 L 是指数为 $n+1$ 的 k-逗点关联码，但 $h(L)$ 不是指数为 $n+1$ 的 k-逗点关联码．故

$$(h(L)A^k)^{n+1}h(L)\cap A^+(h(L)A^k)^n h(L)A^+\neq\varnothing.$$

那么一定存在 $u_1,\cdots,u_{n+2},v_1,\cdots v_n,v_{n+1}\in L,x_1,\cdots,x_{n+1},y_1,\cdots,y_n\in A^k,x,y\in A^+$，使得

$$h(u_1)x_1h(u_2)x_2\cdots h(u_{n+1})x_{n+1}h(u_{n+2})=xh(v_1)y_1h(v_2)y_2\cdots h(v_n)y_nh(v_{n+1})y.$$

(1)若 $|x|<|h(u_1)|$，那么存在 $z_1\in A^+$ 使得 $h(u_1)=xz_1$. 故

$$z_1x_1h(u_2)x_2\cdots h(u_{n+1})x_{n+1}h(u_{n+2})=h(v_1)y_1\cdots h(v_n)y_nh(v_{n+1})y.$$

若 $|z_1|<|h(v_1)|$，那么 $|z_1x_1|<|h(v_1)y_1|$. 因此我们可以从等式两边同时去掉 $|z_1x_1|$ 个字母，那这与 h 保持指数为 n 的 k-逗点关联码矛盾．若 $|z_1|\geqslant|h(v_1)|$，那么存在 $w_1\in A^*$ 使得 $z_1=h(v_1)w_1$. 因此

$$h(u_1)x_1h(u_2)=xh(v_1)w_1x_1h(u_2),$$

这与 $h(A)$ 是 k-逗点码矛盾．

(2)若 $|x|\geqslant|h(u_1)|$，则存在 $z_2\in A^*$ 使得 $x=h(u_1)z_2$. 那么

$$x_1h(u_2)x_2\cdots h(u_{n+1})x_{n+1}h(u_{n+2})=z_2h(v_1)y_1h(v_2)y_2\cdots h(v_n)y_nh(v_{n+1})y.$$

因 $|x_1|<|z_2h(v_1)y_1|$，故而我们可以从等式两边同时去掉 k 个字母，这与 h 保持指数为 n 的 k-逗点关联码矛盾．

□

命题 4.3.4[75]　令 $h:A^*\to A^*$ 是一单同态．若 $h(A)$ 是无逗点码，则 h 保持

1-无逗点码.

证明:假设 L 是 1-无逗点码,$h(L)$ 不是 1-无逗点码. 因此,存在 $u\in L$ 使得 $\{u\}$ 是无逗点码 $\{h(u)\}$ 不是无逗点码. 令

$$u=u_1u_2\cdots u_n,u_i\in A,i=1,2,\cdots,n,u\notin a^+\setminus\{a\},a\in A,$$

那么存在 $x,y\in A^+$ 使得

$$h(u_1)h(u_2)\cdots h(u_n)h(u_1)\cdots h(u_n)=xh(u_1)h(u_2)\cdots h(u_n)y,$$

因此,我们有以下两种情况:

(1) $x=h(u_1)\cdots h(u_i)$,其中 $1\leqslant i<n$.

(2) $x=h(u_1)\cdots h(u_j)x_1$,其中 $x_1x_2=h(u_{j+1}),x_1,x_2\neq 1,0\leqslant j<n$.

情况(1)成立,即 $x=h(u_1)\cdots h(u_i),1\leqslant i<n$,那么

$$(u_{i+1})\cdots h(u_n)h(u_1)\cdots h(u_n)=h(u_1)\cdots h(u_n)y.$$

(1-1)若 $i=n-1$,那么

$$h(u_n)h(u_1)\cdots h(u_n)=h(u_1)\cdots h(u_n)y.$$

若 $|h(u_n)|\neq|h(u_1)|$,那么

$$h(u_n)<_p h(u_1)\text{或}h(u_1)<_p h(u_n).$$

因 $h(A)$ 是无逗点码,那么 $h(A)$ 是内缀码,因此是前缀码. 矛盾. 故 $h(u_n)=h(u_1)$. 同理,我们可得

$$h(u_1)=h(u_2),\cdots,h(u_{n-1})=h(u_n).$$

因 h 是一同态,所以 $u_1=u_2=\cdots u_n$,这与 $\{u\}$ 是无逗点码矛盾.

(1-2)若 $1\leqslant i<n-1$,则

$$h(u_{i+1})\cdots h(u_n)h(u_1)\cdots h(u_n)=h(u_1)\cdots h(u_n)y.$$

若 $|h(u_{i+1})|\neq|h(u_1)|$,那么

$$h(u_{i+1})<_p h(u_1)\text{或}h(u_1)<_p h(u_{i+1}).$$

因此,$|h(u_{i+1})|=|h(u_1)|,h(u_{i+1})=h(u_1)$. 同理,

$$h(u_{i+2})=h(u_2),\cdots,h(u_n)=h(u_{n-i}),h(u_1)=h(u_{n-i+1}),\cdots,h(u_n)=h(u_i).$$

故 $h(u_{i+1})\cdots h(u_n)y=1$. 矛盾.

情况(2)成立,即 $x=h(u_1)\cdots h(u_j)x_1$, $x_1x_2=h(u_{j+1})$, $x_1,x_2\neq 1$, $0\leqslant j\leqslant n-1$, 那么 $x_2h(u_{j+2})\cdots h(u_n)h(u_1)\cdots h(u_n)=h(u_1)\cdots h(u_n)y$. 我们分以下两种情形进行分析:

(2-1)若 $j=n-1$,那么

$$x_2h(u_1)\cdots h(u_n)=h(u_1)\cdots h(u_n)y.$$

因 $|h(u_1)|<|x_2h(u_1)|$ 存在 $y_1\in A^+$ 使得 $x_2h(u_1)=h(u_1)y_1$,因此

$$h(u_n)h(u_1)=x_1x_2h(u_1)=x_1h(u_1)y_3,$$

这与 $h(A)$ 是无逗点码矛盾.

(2-2)若 $0\leqslant j<n-1$,我们分两种情形:

若 $|h(u_1)|<|x_2h(u_{j+2})|$,则存在 $y_2\in A^+$ 使得 $x_2h(u_{j+2})=h(u_1)y_2$,因此

$$h(u_{j+1})h(u_{j+2})=x_1x_2h(u_{j+1})=x_1h(u_1)y_2,$$

这与 $h(A)$ 是无逗点码矛盾.

若 $|h(u_1)|\geqslant|x_2h(u_{j+2})|$,则存在 $y_3\in A^*$ 使得 $h(u_1)=x_2h(u_{j+2})y_3$,矛盾.

故 h 保持 1-无逗点码.

□

注 4.3.2　在通常情况下,上一命题的逆命题不成立. 例如,令 $A=\{a,b\}$,

$$h:A^*\to A^*, h(a)=a, h(b)=bab^2,$$

$L=\{ab\}$ 是 1-无逗点码, $h(L)=abab^2$ 是 1-无逗点码,但 $h(A)$ 不是无逗点码,

$$h(a)h(b)=abab^2\in A^+h(a)A^+.$$

命题 4.3.5[75]　令 $h:A^*\to A^*$ 是一单同态. 若 $h(A)$ 是无逗点码,则 h 保持 2-无逗点码.

证明:假设 L 是无逗点码, $h(L)$ 不是无逗点码,那么一定存在 $u,v\in L$,使得 $\{u,v\}$ 是无逗点码但 $\{h(u),h(v)\}$ 不是无逗点码. 则存在 $x,y\in A^+$,使得以下四条之一成立:

(1) $h(u)h(u)=xh(u)y$.

(2) $h(u)h(v)=xh(u)y$.

(3) $h(v)h(u)=xh(u)y$.

(4) $h(v)h(v)=xh(u)y$.

由上一命题知,(1)不成立.(2)成立.令

$$u=u_1\cdots u_n, v=v_1\cdots v_m, u_1, u_2\cdots, u_n, v_1, \cdots, v_m\in A.$$

因为 h 是一同态,则有

$$h(u_1)\cdots h(u_n)h(v_1)\cdots h(v_m)=xh(u_1)\cdots h(u_n)y.$$

令 $w_1=u_1,\cdots,w_{n+m}=v_m$. 注意到 $h(w_1)\cdots h(w_n)\cdots h(w_{n+m})=xh(w_1)\cdots h(w_n)y$.

(i)若

$$x=h(w_1)\cdots h(w_i), 1\leqslant i<n+m, 1\leqslant i<m,$$

那么

$$h(w_1)=h(w_{i+1}),\cdots,h(w_n)=h(w_{i+n}).$$

因为 h 是单射,则 $\{u,v\}$ 不是无逗点码.如果 $i\geqslant m$,那么 $y=1$. 与假设矛盾.

(ii)若

$$h(w_1)\cdots h(w_{j-1})<_p x<_p h(w_1)\cdots h(w_j), 1\leqslant j\leqslant n+m.$$

如果 $h(w_1)\cdots h(w_{j+1})<_p xh(w_1)$,那么 $h(w_{j+1})$ 是 $h(w_1)$ 的真内缀.如果 $xh(w_1)<_p h(w_1)\cdots h(w_{j+1})$,那么 $h(w_1)$ 是 $h(w_j)h(w_{j+1})$ 的真内缀.无论哪种情况,$h(A)$ 都不是无逗点码.矛盾.

(3)、(4)与(2)类似,在此就不再赘述了.

□

于是,有如下推论:

推论 4.3.2[75] 令 $h:A^*\to A^*$ 是一单同态.对任意 $n\geqslant 1$,若 $h(A)$ 是无逗点码,则 h 保持 n-无逗点码.

下面,我们讨论 h 保持指数为 m 的 n-关联码,其中 $n\geqslant 1, m\geqslant 1$.

命题 4.3.6[75]　令 $h:A^* \to A^*$ 是一单同态．对任意 $n \geqslant 1$，若 $h(A)$ 指数为 m 的关联码，则 h 保持指数为 m 的 1-关联码，其中 $m \geqslant 1$.

证明: 当 $m=1$ 时，命题显然成立．

假设 $m \leqslant n$，命题成立．令 $m=n+1$，假设 L 是指数为 $n+1$ 的关联码，$h(L)$ 不是指数为 $n+1$ 的关联码．那么存在 $u \in L$ 使得 $\{u\}$ 是指数为 $n+1$ 的关联码，但 $\{h(u)\}$ 不是指数为 $n+1$ 的关联码．因此，存在 $x, y \in A^+$，使得

$$(h(u))^{n+2} = x(h(u))^{n+1}y.$$

因为 $|h(u)| < |xh(u)|$，则我们可以从方程两边同时去掉 $|h(u)|$ 个字母，因此，

$$(h(L))^{n+1} \cap A^+(h(L))^n A^+ \neq \varnothing.$$

矛盾．

□

命题 4.3.7[75]　令 $h:A^* \to A^*$ 是一单同态．若 $h(A)$ 指数为 m 的关联码，则 h 保持指数为 m 的 2-关联码，其中 $m \geqslant 1$.

证明: 当 $m=1$ 时，命题成立．假设 $m \leqslant n$，命题成立．令 $m=n+1$，假设 L 是指数为 $n+1$ 的关联码，$h(L)$ 不是指数为 $n+1$ 的关联码．那么存在 $u, v \in L$，使得 $L_1 = \{u, v\}$ 是指数为 $n+1$ 的关联码，$h(L_1) = \{h(u), h(v)\}$ 不是指数为 $n+1$ 的关联码，即

$$(h(L_1))^{n+2} \cap A^+(h(L_1))^{n+1} A^+ \neq \varnothing.$$

则存在 $x, y \in A^+$，使得有以下两种可能性：

(1) $h(u)\cdots = xh(u)\cdots y$.

(2) $h(u)\cdots = xh(v)\cdots y$.

对于(1)，如果 $|h(u)| < |xh(u)|$，那么我们可以从方程左右两边同时去掉 $|h(u)|$ 个字母，因此，

$$(h(L_1))^{n+1} \cap A^+(h(L_1))^n A^+ \neq \varnothing.$$

矛盾．

对于(2)，如果$|h(u)|<|xh(v)|$，那么我们可以从方程左右两边同时去掉$|h(u)|$个字母，因此，

$$h(L_1)^{n+1}\cap A^+(h(L_1))^n A^+\neq\emptyset.$$

如果$|h(u)|\geqslant|xh(v)|$，那么存在$w\in A^*$，使得$h(u)=xh(v)w$，则有$h(uv)=xh(v)(wh(v))$. 矛盾.

□

根据上一命题的证明过程可得下面的推论：

推论 4.3.3[75]　令$h:A^*\to A^*$是一单同态. 若$h(A)$指数为m的关联码，则h保持指数为m的n-关联码，其中$m\geqslant1,n\geqslant1$.

命题 4.3.8[75]　令$h:A^*\to A^*$是一单同态. 对任意$k\geqslant0$，若$h(A)$既是k-逗点码又是无逗点码，则h保持1-k-逗点码.

证明：假设L是1-k-逗点码，$h(L)$不是1-k-逗点码，则存在$u\in L$使得$\{u\}$是k-逗点码，但$\{h(u)\}$不是. 因此，存在$v\in A^k$，$x,y\in A^+$使得$h(u)vh(u)=xh(u)y$. 令

$$u=u_1u_2\cdots u_n, u_i\in X, 1\leqslant i\leqslant n.$$

因为h是一同态，所以

$$h(u_1)\cdots h(u_n)vh(u_1)\cdots h(u_n)=zh(u_1)\cdots h(u_n)y.$$

我们考虑以下三种情况：

(1)$x=h(u_1)h(u_2)\cdots h(u_i),1\leqslant i\leqslant n$.

(2)$x=h(u_1)h(u_2)\cdots h(u_j)x_1$，其中$x_1x_2=h(u_{j+1}),x_1,x_2\neq1,0\leqslant j<n$.

(3)$x=h(u_1)\cdots h(u_n)v_1$，其中$v_1v_2=v,v_1\neq1$.

当(1)成立时，即$x=h(u_1)h(u_2)\cdots h(u_i),1\leqslant i\leqslant n$，那么

$$h(u_{i+1})\cdots h(u_n)vh(u_1)\cdots h(u_n)=h(u_1)\cdots h(u_n)y.$$

我们考虑以下两种情形：

(1-1)若$1\leqslant i<n$，那么

$$h(u_{i+1})\cdots h(u_n)vh(u_1)\cdots h(u_n)=h(u_1)\cdots h(u_n)y.$$

若 $|h(u_{i+1})|\neq|h(u_1)|$,那么

$$h(u_{i+1})<_p h(u_1)\text{或}h(u_1)<_p h(u_{i+1})$$

成立,但无论哪种情况都与 $h(A)$ 是内缀码矛盾．故 $|h(u_{i+1})|=|h(u_1)|$, $h(u_{i+1})=h(u_1)$．同理可得

$$h(u_2)=h(u_{i+2}),\cdots,h(u_n)=h(u_{n-i}).$$

因此,

$$vh(u_1)\cdots h(u_n)=h(u_{n-i+1})\cdots h(u_n)y.$$

因为 $h(A)$ 是 k-逗点码,所以 $|h(u_{n-i+1})|>|v|$.

若 $|h(u_{n-i+1})|<|vh(u_1)|$,那么一定存在 $y_1\in A^+$ 使得 $vh(u_1)=h(u_{n-i+1})y_1$. 因此 $h(u_1)vh(u_1)=h(u_1)h(u_{n-i+1})y_1$,但这与 $h(A)$ 是 k-逗点码矛盾．

若 $|h(u_{n-i+1})|\geqslant|vh(u_1)|$,那么一定存在 $y_2\in A^*$ 使得 $h(u_{n-i+1})=vh(u_1)y_2$. 矛盾．

(1-2)若 $i=n$,那么

$$vh(u_1)\cdots h(u_n)=h(u_1)\cdots h(u_n)y.$$

如果 $|h(u_1)|>|v|$, $|v|<|h(u_1)|<|vh(u_1)|$,那么存在 $y_3\in A^+$ 使得 $vh(u_1)=h(u_1)y_3$,因此,

$$h(u_n)vh(u_1)=h(u_n)h(u_1)y_3,$$

但这与 $h(A)$ 是 k-逗点码矛盾．

当(2)成立时,即

$$x=h(u_1)h(u_2)\cdots h(u_i)x_1,x_1x_2=h(u_{i+1}),x_1\neq 1,0\leqslant j<n,$$

那么

$$x_2h(u_{j+2})\cdots h(u_n)vh(u_1)\cdots h(u_n)=h(u_1)\cdots h(u_n)y.$$

(2-1)若 $0\leqslant j<n-1$,那么

$$x_2h(u_{j+2})\cdots h(u_n)vh(u_1)\cdots h(u_n)=h(u_1)\cdots h(u_n)y.$$

若 $|h(u_1)| \leqslant |x_2|$，那么一定存在 $y_4 \in A^*$ 使得 $x_2 = h(u_1)y_4$. 因此，$h(u_{j+1}) = x_1x_2 = x_1h(u_1)y_4$. 矛盾．

若 $|x_2| < |h(u_1)| < |x_2h(u_{j+2})|$，那么存在 $y_5 \in A^+$ 使得 $x_2h(u_{j+2}) = h(u_1)y_5$，这表明

$$h(u_{j+1})h(u_{j+2}) = x_1x_2h(u_{j+2}) = x_1h(u_1)y_5,$$

与 $h(A)$ 是无逗点码矛盾．

若 $|h(u_1)| \geqslant |x_2h(u_{j+2})|$，则 $h(u_{j+2})$ 是 $h(u_1)$ 的真内缀．矛盾．

(2-2)若 $i=n-1$，那么

$$x_1x_2 = h(u_n), x_2vh(u_1)\cdots h(u_n) = h(u_1)\cdots h(u_n)y.$$

若 $|h(u_1)| \leqslant |x_2|$，那么存在 $y_6 \in A^*$，使得 $x_2 = h(u_1)y_6, h(u_n) = x_1h(u_1)y_6$，矛盾．

若 $|x_2| < |h(u_1)| < |x_2vh(u_1)|$，那么存在 $y_7 \in A^+$，使得 $x_2vh(u_1) = h(u_1)$. 因此，

$$h(u_n)vh(u_1) = x_1x_2vh(u_1) = x_1h(u_1)y_7,$$

这与 $h(A)$ 是 k-逗点码矛盾．

当(3)成立时，即

$$x = h(u_1)\cdots h(u_n)v_1, v_1v_2 = v, v_1 \neq 1,$$

那么

$$v_2h(u_1)\cdots h(u_n) = h(u_1)\cdots h(u_n)y.$$

如果 $|h(u_1)| < |v_2h(u_1)|$，那么一定存在 $y_8 \in A^+$ 使得 $v_2h(u_1) = h(u_1)y_8$. 因此，

$$h(u_1)vh(u_1) = h(u_1)v_1v_2h(u_1) = (h(u_1)v_1)h(u_1)y_8,$$

这与 $h(A)$ 是 k-逗点码矛盾．

□

推论 4.3.4[75]　令 $h: A^* \to A^*$ 是一单同态．如果 $h(A)$ 是 k-逗点码和无逗

点码,那么 h 保持任何指数的 1-k-逗点关联码,其中 $k\geqslant 0$.

命题 4.3.9[75] 令 $h:A^*\to A^*$ 是一单同态. 对任意 $k\geqslant 0$,如果 $h(A)$ 是 k-逗点码和无逗点码,那么 h 保持 2-k-逗点码.

证明:假设 L 是 2-k-逗点码,但 $h(L)$ 不是 2-k-逗点码,那么存在 $u,v\in L$,使得 $L_1=\{u,v\}$ 是 k-逗点码,$h(L_1)$ 不是 k-逗点码. 即

$$h(L_1)A^k h(L_1)\cap A^+h(L_1)A^+=\varnothing,$$

那么存在 $w\in A^k$,$x,y\in A^+$,使得以下三种情况之一成立:

$$h(u)wh(u)=xh(u)y;$$

$$h(u)wh(v)=xh(u)y,h(v)wh(u)=xh(u)y;$$

$$h(v)wh(v)=xh(u)y.$$

由上一命题可知,第一种情况是不可能的. 令

$$u=u_1u_2\cdots u_n,v=v_1v_2\cdots v_m,u_i,v_j\in A,i=1,2,\cdots,n,j=1,2,\cdots,m.$$

因 h 是一同态,则有以下三种情况:

(1) $h(u_1)\cdots h(u_n)wh(v_1)\cdots h(v_m)=xh(u_1)\cdots h(u_n)y$.

(2) $h(v_1)\cdots h(v_m)wh(u_1)\cdots h(u_n)=xh(u_1)\cdots h(u_n)y$.

(3) $h(v_1)\cdots h(v_m)wh(v_1)\cdots h(v_m)=xh(u_1)\cdots h(u_n)y$.

当(1)成立时,即

$$h(u_1)h(u_2)\cdots h(u_n)wh(v_1)\cdots h(v_m)=xh(u_1)\cdots h(u_n)y.$$

我们考虑以下三种情形:

(i) $x=h(u_1)h(u_2)\cdots h(u_i)x_1$,其中 $x_1x_2=h(u_{i+1})$,$x_1\neq 1$,$0\leqslant i<n$.

(ii) $x=h(u_1)\cdots h(u_n)w_1$,其中 $w_1w_2=w$,$w_1\neq 1$.

(iii) $x=h(u_1)\cdots h(u_n)wh(v_1)\cdots h(v_j)y_1$,其中 $y_1y_2=h(v_{j+1})$,$1\leqslant j\leqslant m-1$.

当(i)成立时,即 $x=h(u_1)h(u_2)\cdots h(u_i)x_1$,其中 $x_1x_2=h(u_{i+1})$,$x_1\neq 1$,$0\leqslant i<n$. 那么

$$x_2h(u_{i+2})\cdots h(u_n)wh(v_1)\cdots h(v_m)=h(u_1)\cdots h(u_n)y.$$

(i-1) 若 $x_1=1$ 或 $x_2=1$，不失一般性，我们假设 $x_1=1$，因此，

$$h(u_{i+1})\cdots h(u_n)wh(v_1)\cdots h(v_m)=h(u_1)\cdots h(u_n)y.$$

(i-1-1) 若 $i=n-1$，那么

$$h(u_n)wh(v_1)\cdots h(v_m)=h(u_1)\cdots h(u_n)y.$$

若 $|h(u_n)|\neq|h(u_1)|$，那么 $h(u_n)<_p h(u_1)$ 或 $h(u_1)<_p h(u_n)$. 因为 $h(A)$ 是 k-逗点码，那么 $h(A)$ 是内缀码，因此是前缀码. 矛盾. 故 $|h(u_n)|=|h(u_1)|$，$h(u_n)=h(u_1)$，这表明

$$wh(v_1)\cdots h(v_m)=h(u_2)\cdots h(u_n)y.$$

而 $|h(u_2)|>|w|$，如果 $|w|<|h(u_2)|<|wh(v_1)|$，那么存在 $z_1\in A^+$ 使得 $wh(v_1)=h(u_2)z_1$. 因此，$h(u_n)wh(v_1)=h(u_n)h(u_2)z_1$，这与 $h(A)$ 是 k-逗点码矛盾. 若 $|h(u_2)|\geqslant|wh(v_1)|$，那么 $h(v_1)$ 是 $h(u_2)$ 的真内缀. 矛盾.

(i-1-2) 若 $0\leqslant i<n-1$.

如果 $|h(u_{i+1})|\neq|h(u_1)|$，那么 $h(u_{i+1})<_p h(u_1)$ 或者 $h(u_1)<_p h(u_{i+1})$. 矛盾. 因此，

$$|h(u_{i+1})|=|h(u_1)|,h(u_{i+1})=h(u_1).$$

同理可得 $h(u_{i+2})=h(u_2),\cdots,h(u_n)=h(u_{n-i})$，故

$$wh(v_1)\cdots h(v_m)=h(u_{n-i+1})\cdots h(u_n).$$

如果 $|h(u_{n-i+1})|<|wh(v_1)|$，那么存在 $z_2\in A^+$ 使得 $wh(v_1)=h(u_{n-i+1})z_2$，因此有

$$h(v_1)wh(v_1)=h(v_1)h(u_{n-i+1})z_2.$$

矛盾. 如果 $|h(u_{n-i+1})|\geqslant|wh(v_1)|$，那么 $h(v_1)$ 是 $h(u_{n-i+1})$ 的真内缀. 矛盾.

(i-2) 若 $x_1,x_2\neq1$，我们将证明分成以下两种情形：

(i-2-1) 若 $i=n-1$，那么

$$x_2wh(v_1)\cdots h(v_m)=h(u_1)\cdots h(u_n)y.$$

如果 $|h(u_1)| \leqslant |x_2|$，那么存在 $z_3 \in A^*$ 使得 $x_2 = h(u_1)z_3$，因此，

$$h(u_n) = x_1x_2 = x_1h(u_1)z_4.$$

矛盾．

如果 $|x_2| < |h(u_1)| < |x_2wh(v_1)|$，那么存在 $z_4 \in A^+$，使得 $x_2wh(v_1) = h(u_1)z_4$. 因此

$$h(u_n)wh(v_1) = x_1x_2wh(v_1) = x_1h(u_1)z_4.$$

矛盾．

如果 $|h(u_1)| \geqslant |x_2wh(v_1)|$，那么 $h(v_1)$ 是 $h(u_1)$ 的真内缀．矛盾．

(i-2-2)若 $0 \leqslant i < n-1$，那么

$$x_1x_2 = h(u_{i+1}), x_2h(u_{i+2})\cdots h(u_n)wh(v_1)\cdots h(v_m) = h(u_1)\cdots h(u_n)y.$$

如果 $|h(u_1)| \leqslant |x_2|$，那么存在 $z_5 \in A^*$ 使得 $x_2 = h(u_1)z_5$，因此，$h(u_{i+1}) = x_1h(u_1)z_5$. 矛盾．如果 $|x_2| < |h(u_1)| < |x_2h(u_{i+2})|$，那么存在 $z_6 \in A^+$ 使得 $x_2h(u_{i+2}) = h(u_1)z_7$，因此，

$$h(u_{i+1})h(u_{i+2}) = x_1x_2h(u_{i+2}) = x_1h(u_1)z_6.$$

矛盾．如果 $|h(u_1)| \geqslant |x_2h(u_{i+2})|$，那么 $h(u_{i+2}) \in E(h(u_1))$. 矛盾．

当(ii)成立时，即

$$w_2h(v_1)\cdots h(v_m) = h(u_1)\cdots h(u_n)y.$$

如果 $|h(u_1)| < |w_2h(v_1)|$，那么存在 $z_7 \in A^+$ 使得 $w_2h(v_1) = h(u_1)z_7$，因此，

$$h(u_n)wh(v_1) = (h(u_n)w_1)h(u_1)z_7,$$

这与 $h(A)$ 是 k-逗点码矛盾．若 $|h(u_1)| \geqslant |w_2h(v_1)|$，那么 $h(v_1)$ 是 $h(u_1)$ 的真内缀．矛盾．

当(iii)成立时，即

$$y_2h(v_{j+2})\cdots h(v_m) = h(u_1)\cdots h(u_n)y.$$

我们考虑以下两种情况：

(iii-1)若 $y_1 = 1$ 或 $y_2 = 1$. 不失一般性，我们假定 $y_1 = 1$. 因此有

$$h(v_{j+1})\cdots h(v_m)=h(u_1)\cdots h(u_m)y.$$

如果 $|h(v_{j+1})|\neq|h(u_1)|$,那么

$$h(v_{j+1})<_p h(u_1)\text{或}h(u_1)<_p h(v_{j+1}).$$

无论哪种情况都与 $h(A)$ 前缀码矛盾．因此,$|h(v_{j+1})|=|h(u_1)|$,故 $h(v_{j+1})=h(u_1)\cdots$.

若 $m-i\leqslant n$,那么 $h(v_{j+2})=h(u_2),\cdots h(v_m)=h(v_{m-j})$,因此,$h(v_{m-j+1})\cdots h(v_m)=1,y=1$. 矛盾．

如果 $m-j>n$,那么

$$h(v_{j+2})=h(u_2),\cdots,h(v_{j+n})=h(u_n),$$

故 $h(v_{j+n+1})\cdots h(v_m)=y$. 因 h 是一单同态,我们有

$$\begin{aligned}u_1&=v_{j+1},\\u_2&=v_{j+2},\\u_n&=v_{j+n},\\v&=v_1\cdots v_iv_{j+1}v_{i+n+1}\cdots v_m\\&=(v_1\cdots v_j)(u_1\cdots u_n)v_{j+n+1}\cdots v_m\\&=(v_1\cdots v_j)u\cdots,\end{aligned}$$

但这与 L 是 2-k-逗点码矛盾．

(iii-2)若 $y_1\neq1$ 且 $y_2\neq1$,我们将证明分成以下两种情形:

(a)若 $j=m-1$,那么 $y_2=h(u_1)\cdots h(u_n)y$. 矛盾．

(b)若 $1\leqslant j\leqslant m-2$,那么

$$y_2h(v_{j+2})\cdots h(v_m)=h(u_1)\cdots h(u_n)y.$$

如果 $|h(u_1)|\leqslant|y_2|$,那么存在 $z_8\in A^*$ 使得 $y_2=h(u_1)z_8$,因此我们有

$$h(v_{j+1})=y_1y_2=y_1h(u_1)z_8,$$

矛盾．如果 $|y_2|<|h(u_1)|<|y_2h(v_{j+2})|$,那么存在 $z_9\in A^+$ 使得 $y_2h(v_{j+2})=h(u_1)z_9$,因此我们有

$$h(v_{j+1})h(v_{j+2})=y_1h(u_1)z_9,$$

矛盾．如果 $|h(u_1)|\geqslant|y_2h(v_{j+2})|$，那么 $h(v_{j+2})$ 是 $h(u_1)$ 的真内缀，矛盾．

情形(2)和情形(3)与情形(1)类似，在此就不再赘述．

综上所述，h 保持 2-k-逗点码．

□

推论 4.3.5　令 $h:A^*\to A^*$ 是一单同态．对任意 $k\geqslant 0, n\geqslant 1$，如果 $h(A)$ 既是 k-逗点码又是无逗点码，则 h 保持 n-k-逗点码．

推论 4.3.6　令 $h:A^*\to A^*$ 是一单同态．对任意 $k\geqslant 0, n\geqslant 1$，如果 $h(A)$ 是 k-空间码，则 h 保持 n-k-空间码．

命题 4.3.10　令 $h:A^*\to A^*$ 是一单同态．对任意 $k\geqslant 0, m\geqslant 1$，如果 $h(A)$ 是指数为 m 的 k-逗点关联码，那么 h 保持指数为 m 的 2-k-逗点关联码．

证明：当 $m=1$ 时，由上一命题知，结论成立．

假设 $m\leqslant n$，命题成立．令 $m=n+1$. 假设 L 是指数为 $n+1$ 的 2-k-逗点关联码，但 $h(L)$ 不是指数为 $n+1$ 的 2-k-逗点关联码．则存在 $u,v\in L$，使得 $L_1=\{u,v\}$ 是指数为 $n+1$ 的 k-逗点关联码，但 $h(L_1)=\{h(u),h(v)\}$ 不是指数为 $n+1$ 的 k-逗点关联码．即

$$(h(L_1)A^k)^{n+1}h(L_1)\cap A^+(h(L_1)A^k)^nh(L_1)A^+\neq\varnothing.$$

下面我们考虑以下两种情形：

(1) $h(u)u_1\cdots=xh(u)v_1\cdots y$.

(2) $h(v)u_1\cdots=xh(u)v_1\cdots y, x,y\in A^+, u_1\cdots, v_1\cdots, \in A^k$.

对于(1)，因 $|h(u)u_1|<|xh(u)v_1|$，那么我们可以从等式左右两边同时去掉 $|h(u)u_1|$ 个字母，则有

$$(h(L_1)A^k)^nh(L_1)\cap A^+(h(L_1A^k))^{n-1}h(L_1)A^+\neq\varnothing.$$

这与 h 保持指数为 n 的 k-逗点关联码矛盾．

下面我们考虑(2)：

(2-1)如果 $|x|<|h(v)|$,那么存在 $z_3\in A^+$ 使得 $h(v)=xz_3$,则有 $z_3u_1\cdots=h(u)v_1\cdots y$. 若 $|z_3|<|h(u)|$,则 $|z_3u_1|<|h(u)v_1|$,将等式左右两边同时去掉 $|z_3u_1|$ 个字母,则有

$$(h(L_1)A^k)^n h(L_1)\cap A^+(h(L_1)A^k)^{n-1}h(L_1)A^+\neq\emptyset,$$

矛盾. 若 $|z_3|>|h(u)|$,则存在 $z_4\in A^+$ 使得 $z_3=h(u)z_4$, $h(v)=xz_3=xh(u)z_4$,则有

$$h(v)u_1h(u)=(h(v)u_1x)h(u)z_4,$$

矛盾. 如果 $|z_3|=|h(u)|$,那么 $z_3=h(u)$, $u_1\cdots=v_1\cdots y$. 因 $|u_1|=|v_1|=k$,所以

$$(h(L_1)A^k)^n h(L_1)\cap A^+(h(L_1)A^k)^{n-1}h(L_1)A^+\neq\emptyset,$$

矛盾.

(2-2)如果 $|x|=|h(v)|$,那么 $x=h(v)$, $u_1\cdots=h(u)v_1\cdots y$. 因 $|u_1|<|h(u)v_1|$,我们可以从等式左右两边同时去掉 $|u_1|$ 个字母,则有

$$(h(L_1)A^k)^n h(L_1)\cap A^+(h(L_1)A^k)^{n-1}h(L_1)A^+\neq\emptyset,$$

矛盾.

(2-3)如果 $|x|>|h(v)|$,那么存在 $z_5\in A^+$ 使得 $x=h(v)z_5$,因此 $u_1\cdots=z_5h(u)v_1\cdots y$. 由于 $|u_1|<|z_5h(u)v_1|$,将等式左右两边同时去掉 $|u_1|$ 个字母. 因此,

$$(h(L_1)A^k)^n h(L_1)\cap A^+(h(L_1)A^k)^{n-1}h(L_1)A^+\neq\emptyset,$$

矛盾.

□

根据上一命题的证明过程,可得如下的推论:

推论 4.3.7 令 $h:A^*\to A^*$ 是一单同态. 对任意 $k\geqslant 0, m\geqslant 1 n\geqslant 1$,如果 $h(A)$ 是指数为 m 的 k-逗点关联码,那么 h 保持指数为 m 的 n-k-逗点关联码.

令 $h:A^*\to A^*$ 是一同态, $L\subseteq A^*$. 记 $h^{-1}(L)=\{x\in A^*\mid h(x)\in L\}$. 如果 $h^{-1}(\{1\})=\{1\}$,那么称 h 为非消除同态.

命题4.3.11　令$h:A^*\to A^*$是一非消除同态,对任意$k\geqslant 0$,如果h保持一致码,那么h^{-1}保持k-逗点码.

证明:假设$L\subseteq A^+$是k-逗点码,但$h^{-1}(L)$不是k-逗点码. 那么存在$u,v,w\in h^{-1}(L)$并且$x,y\in A^+,z\in A^k$,使得$uzv=xwy$. 由于h保持一致码,则$|h(z)|=k$. 因为h是一非消除同态,那么$h(u),h(v),h(w)\in L$,并且$h(x),h(y)\neq 1$,这与L是k-逗点码矛盾.

□

命题4.3.12　令$h:A^*\to A^*$是一非消除同态,对任意$k\geqslant 0$,如果h保持一致码,那么h^{-1}保持1-k-逗点码.

证明:假设$L\subseteq A^+$是1-k-逗点码,但$h^{-1}(L)$不是1-k-逗点码. 那么存在$u\in L$使得$\{u\}$是k-逗点码,但$h^{-1}(u)$不是1-k-逗点码. 那么存在$x,y\in A^+,w\in A^k$,使得$h^{-1}(u)wh^{-1}(u)=xh^{-1}(u)y$. 因为$h$是一个非消除同态,那么有$uh(w)u=h(x)uh(y)\in A^+LA^+$. 由于$h$保持一致码,所以$h(w)\in A^k$,这与$L$是1-$k$-逗点码矛盾. 因此,对任意$k\geqslant 0$,$h^{-1}$保持1-$k$-逗点码.

□

命题4.3.13　令$h:A^*\to A^*$是一非消除同态,对任意$k\geqslant 0$,如果h保持一致码,那么h^{-1}保持2-k-逗点码.

证明:假设L是2-k-逗点码,但如果$h^{-1}(L)$不是2-k-逗点码. 那么存在$u,v\in L$使得$L_1=\{u,v\}$是k-逗点码,但如果$h^{-1}(L_1)$不是1-k-逗点码. 那么存在$x,y\in A^+,w\in A^k$,使得以下几种情况之一成立:

(1)$h^{-1}(u)wh^{-1}(u)=xh^{-1}(u)y$.

(2)$h^{-1}(u)wh^{-1}(v)=xh^{-1}(u)y$.

(3)$h^{-1}(v)wh^{-1}(u)=xh^{-1}(u)y$.

(4)$h^{-1}(v)wh^{-1}(v)=xh^{-1}(u)y$.

根据命题4.3.12,易知情况(1)不成立. 情况(3)与情况(4)和情况(2)类似.

现证(2)不成立. 由于 h 是一非消除同态,那么 $uh(w)v=h(x)uh(y)\in A^+L_1A^+$. 因为 h 保持一致码,所以 $h(w)\in A^k$,这与 L 是 2-k-逗点码矛盾.

□

命题 4.3.14 令 $h:A^*\to A^*$ 是一非消除同态,对任意 $k\geqslant 0$ 且 $n\geqslant 1$,如果 h 保持一致码,那么 h^{-1} 保持 n-k-逗点码.

证明: 当 $n\geqslant 3$ 时,$L\subseteq A^+$ 是 k-逗点码当且仅当 L 是 n-k-逗点码. 根据命题 4.3.11、命题 4.3.12 和命题 4.3.13,对于任意 $k\geqslant 0,n\geqslant 1,h^{-1}$ 保持 n-k-逗点码. 因此,对任意 $k\geqslant 0,n\geqslant 1,h^{-1}$ 保持 n-k-逗点码.

□

引理 4.3.1 令 $h:A^*\to A^*$ 是一映射,$B,C\subseteq A^+$. 那么

$$h(h^{-}1(B))\subseteq B,h(B\cap C)\subseteq h(B)\cap h(C).$$

命题 4.3.15 令 $h:A^*\to A^*$ 是一非消除同态,对任意 $k\geqslant 0$ 且 $m,n\geqslant 1$,如果 h 保持一致码,那么 h^{-1} 保持指数为 m 的 n-k-逗点关联码.

证明: 在命题 4.3.14 中证明,对任意 $k\geqslant 0,n\geqslant 1,h^{-1}$ 保持 k-逗点码和 n-k-逗点码,现在证明以下两点:

(1)若 $k=0,m,n\geqslant 1,(m,n)\neq(1,1),h^{-1}$ 保持指数为 m 的 n-关联码.

(2)若 $k\geqslant 1,n\geqslant 1,m>1,h^{-1}$ 保持指数为 m 的 n-k-逗点关联码.

对于情况(1),假设存在 $m>1$ 使得 $L\subseteq A^+$ 是指数为 m 的 n-关联码,但 $h^{-1}(L)$ 不是指数为 m 的 n-关联码. 令 $L_1\subseteq L$, $|L_1|=n$. 因此,$L_1^{m+1}\cap A^+L_1^mA^+\neq\emptyset$,但

$$(h^{-1}(L_1))^{m+1}\cap A^+(h^{-1}(L_1))^mA^+\neq\emptyset,$$

又由于 h 是非消除的,那么

$$\begin{aligned}\emptyset &\neq h[(h^{-1}(L_1))^{m+1}\cap A^+(h^{-1}(L_1))^mA^+]\\ &\subseteq h((h^{-1}(L_1))^{m+1})\cap h(A^+(h^{-1}(L_1))^mA^+)\\ &\subseteq (L_1)^{m+1}\cap A^+(L_1)^mA^+.\end{aligned}$$

因此，$(L_1)^{m+1}\cap A^+(L_1)^m A^+\neq\emptyset$，矛盾．

对于情况(2)，假设存在 $k,n\geqslant 1$ 且 $m\geqslant 1$ 使得 L 是指数为 m 的 n-k-逗点关联码，但 $h^{-1}(L)$ 不是指数为 m 的 n-k-逗点关联码．令 $L_1\subseteq L$，$|L_1|=n$. 因此，

$$L_1^{m+1}\cap A^+L_1^m A^+\neq\emptyset,$$

但是

$$(h^{-1}(L_1))^{m+1}\cap A^+(h^{-1}(L_1))^m A^+\neq\emptyset.$$

由于 h 保持一致码，因此，$|h(z)|=k$. 又因为 h 是非消除的，那么

$$\begin{aligned}\emptyset &\neq h[(h^{-1}(L_1))^{m+1}\cap A^+(h^{-1}(L_1))^m A^+]\\ &\subseteq h((h^{-1}(L_1))^{m+1})\cap h(A^+(h^{-1}(L_1))^m A^+)\\ &\subseteq (L_1)^{m+1}\cap A^+(L_1)^m A^+.\end{aligned}$$

因此，$(L_1)^{m+1}\cap A^+(L_1)^m A^+\neq\emptyset$，矛盾．故，对任意 $k\geqslant 0$ 且 $m,n\geqslant 1$，h^{-1} 保持指数为 m 的 n-k-逗点关联码．

□

4.3.3　合成与分解运算

内缀码族在复合运算下不封闭．例如，令 $B=\{c,d,e\}$，$A=\{a,b\}$，

$$Y=\{c,de\},Z=\{a^3b^2,aba^3,b^2a^2b\}$$

和 $\beta:B^*\to A^*$，其中

$$\beta(c)=a^3b^2,\beta(d)=aba^3,\beta(d)=b^2a^2b.$$

但 $X=Y\circ_\beta Z=\{a^3b^2,aba^3b^2a^2b\}$ 不是一个内缀码．但是，一些特殊的内缀码族在复合运算下却是封闭的．

定理 4.3.4　令 Y 和 Z 是两个可以复合的码．如果 Y 是内缀码，Z 是无逗点码，那么 $X=Y\circ Z$ 是一个无逗点码．

证明：假定 $X,Z\subseteq A^*$，$Y\subseteq B^*$，$\beta:B^*\to A^*$ 是一单同态且 $\beta(B)=Z$，$\beta(Y)=B$. 如果 X 不是无逗点码，那么存在 $x,y,z\in X$，$u,v\in A^+$，使得 $xy=uzv$. 因为 $X\subseteq Z^*$，

所以可令

$$x=z_1^{(1)}z_2^{(1)}\cdots z_m^{(1)},$$

$$y=z_1^{(2)}z_2^{(2)}\cdots z_n^{(2)},$$

$$z=z_1^{(3)}z_2^{(3)}\cdots z_l^{(3)},$$

其中 $m,n,l\geqslant 1,z_1^{(1)},z_2^{(1)},\cdots,z_m^{(1)},z_1^{(2)},z_2^{(2)},\cdots,z_n^{(2)},z_1^{(3)},z_2^{(3)},\cdots,z_l^{(3)}\in Z$，且令

$$\beta^{-1}(z_1^{(1)})=b_1^{(1)},\beta^{-1}(z_2^{(1)})=b_2^{(1)},\cdots,\beta^{-1}(z_m^{(1)})=b_m^{(1)},$$

$$\beta^{-1}(z_1^{(2)})=b_1^{(2)},\beta^{-1}(z_2^{(2)})=b_2^{(2)},\cdots,\beta^{-1}(z_m^{(2)})=b_m^{(2)},$$

$$\beta^{-1}(z_1^{(3)})=b_1^{(3)},\beta^{-1}(z_2^{(3)})=b_2^{(3)},\cdots,\beta^{-1}(z_m^{(3)})=b_m^{(3)}.$$

显然，$z_1^{(1)}z_2^{(1)}\cdots z_m^{1}z_1^{(2)}z_2^{(2)}\cdots z_n^{(2)}=uzv$.

情形 1 如果 z 是 x 的一个真内缀，那么存在 $u_1<_s z_{i-1}^{(1)},v_1<_p z_{j+1}^{(1)},2\leqslant i<j\leqslant m$，使得

$$z=u_1z_i^{(1)}\cdots z_j^{(1)}v_1.$$

当 $u_1v_1=1$ 时，有

$$z_i^{(1)}\cdots z_j^{(1)}=z_1^{(3)}z_2^{(3)}\cdots z_l^{3}.$$

又因 Z 是一个内缀码，所以

$$z_i^{(1)}=z_1^{(3)},z_{i+1}^{(1)}=z_2^{(3)},\cdots,z_j^{(1)}=z_l^{3},$$

且 $j-i+1=l$. 因此，

$$b_i^{(1)}=b_1^{(3)},b_{i+1}^{(1)}=b_2^{(3)},\cdots,b_j^{(1)}=b_l^{3}.$$

于是，$\beta^{-1}(z)$ 是 $\beta^{-1}(x)$ 一个真内缀，这与 Y 是内缀码矛盾．当 $u_1v_1\neq 1$ 时，不妨假定 $u_1\neq 1$. 如果 $|z_1^{(3)}|\leqslant|u_1|$，那么 $z_1^{(3)}$ 是 $z_{i-1}^{(1)}$ 的一个真内缀，这与 Z 是无逗点码矛盾．不难发现，$|z_1^{(3)}|\ngeqslant|u_1z_i^{(1)}|$，否则 $z_i^{(1)}$ 是 $z_1^{(3)}$ 的一个真内缀，这与 Z 是无逗点码矛盾．于是，$|u_1|<|z_1^{(3)}|<|u_1z_i^{(1)}|$，但这时 $z_1^{(3)}$ 又是 $z_{i-1}^{(1)}z_i^{(1)}$ 的一个真内缀，且既非真前缀也非真后缀，这又与 Z 是无逗点码矛盾．如果 z 是 y 的一个真内缀，证明类似于"z 是 x 的一个真内缀".

情形 2　如果 z 既不是 x 的内缀也不是 y 的内缀，那么存在 $2\leqslant i\leqslant m+1$，$1\leqslant j<n$，$u_1<_s z_{i-1}^{(1)}$，$v_1<_p z_{j+1}^{(2)}$，使得

$$z=u_1 z_i^{(1)}\cdots z_m^{(1)} z_1^{(2)}\cdots z_j^2 v_1.$$

当 $u_1v_1=1$ 时，有 $z_i^{(1)}\cdots z_m^{(1)} z_1^{(2)}\cdots z_j^2=z_1^{(3)}z_2^{(3)}\cdots z_l^3$. 因为 Z 是一个无逗点码，所以

$$z_i^{(1)}=z_1^{(3)},\cdots,z_m^{(1)}=z_{m-i+1}^{(3)},z_1^{(2)}=z_{m-i+2}^{(3)},\cdots,z_j^{(2)}=z_l^{(3)},$$

且 $l=m-i+1+j$，这表明

$$b_i^{(1)}=b_1^{(3)},\cdots,b_m^{(1)}=b_{m-i+1}^{(3)},b_1^{(2)}=b_{m-i+2}^{(3)},\cdots,b_j^{(2)}=b_l^{(3)}.$$

于是，$\beta^{-1}(z)(=b_1^{(3)}b_2^{(3)}\cdots b_l^3)$ 是 $\beta^{-1}(x)\beta^{-1}(y)$ 的一个真内缀，且既非前缀也非后缀，这与 Z 是无逗点码矛盾．当 $u_1v_1\neq 1$ 时，不妨假定 $u_1\neq 1$. 关于 i，如果 $i=m+1$，即 $u_1<_s z_m^{(1)}$. 因为 $|z_1^{(3)}|\leqslant|u_1|$ 且 $|z_1^{(3)}|\geqslant|u_1 z_1^{(2)}|$，所以 $z_1^{(3)}$ 是 $z_{i-1}^{(1)}$ 的一个内缀，$z_1^{(2)}$ 是 $z_1^{(3)}$ 的一个内缀，这与 Z 是无逗点码矛盾．因此，$|u_1|<|z_1^{(3)}|<|u_1 z_m^{(1)}|$. 然而，此时 $z_1^{(3)}$ 是 $z_{m-1}^{(1)}z_m^{(1)}$ 的一个内缀，且既非前缀又非后缀，矛盾．

如果 $i\leqslant m$，$|z_1^{(3)}|\leqslant|u_1|$ 和 $|z_1^{(3)}|\geqslant|u_1 z_i^{(2)}|$，表明 $z_1^{(3)}$ 和 $z_{i+1}^{(2)}$ 分别是 $z_{i-1}^{(1)}$ 和 $z_1^{(3)}$ 的一个真内缀，都与 Z 是无逗点码矛盾．故 $|u_1|<|z_1^{(3)}|<|u_1 z_i^{(1)}|$，但此时 $z_1^{(3)}$ 又是 $z_{i-1}^{(1)}z_i^{(1)}$ 的一个真内缀，且既非前缀也非后缀，矛盾．

□

由定理 4.3.4 知，有如下推论：

推论 4.3.8　令 Y,Z 是两个可复合的码．如果 Y 和 Z 都是无逗点码，则 $X=Y\circ Z$ 也是一个无逗点码．

对于 $k\geqslant 0$，k-逗点码构成的集和无逗点码构成的集是不可比较的，但不是不交的[13]．接下来考虑 k-逗点码的复合．

定理 4.3.5　令 Y,Z 是两个可复合的码，$k\geqslant 0$. 如果 Y 是内缀码，Z 既是 k-逗点码也是无逗点码，那么 $X=Y\circ Z$ 是一个 k-逗点码．

证明：假定 $X,Z\subseteq A^*$，$Y\subseteq B^*$，$\beta:B^*\to A^*$ 是一个单同态且 $\beta(B)=Z$，$\beta(Y)=B$. 假设 X 不是 k-逗点码，那么存在 $x,y,z\in X$，$u,v\in A^+$ 和 $w\in A^k$，使得 $xwy=uzv$.

因 $X\subseteq Z^*$，则可令

$$x=z_1^{(1)}z_2^{(1)}\cdots z_m^{(1)},$$

$$y=z_1^{(2)}z_2^{(2)}\cdots z_n^{(2)},$$

$$z=z_1^{(3)}z_2^{(3)}\cdots z_l^{(3)}.$$

其中 $m,n,l\geqslant 1,z_1^{(1)},z_2^{(1)},\cdots,z_m^{(1)},z_1^{(2)},z_2^{(2)},\cdots,z_n^{(2)},z_1^{(3)},z_2^{(3)},\cdots,z_l^{(3)}\in Z$，即

$$z_1^{(1)}z_2^{(1)}\cdots z_m^{(1)}wz_1^{(2)}z_2^{(2)}\cdots z_n^{(2)}=uzv.$$

由定理 4. 3. 4 可知，X 是一个内缀码，也就是说，z 既不是 x 的内缀也不是 y 的内缀．接下来考虑以下两种情况：

情形 1 如果 $0<|u|<|x|$，当 $|y|\leqslant|v|<|wy|$ 时，因 Z 是一个 k-逗点码，则 Z 中每个字的长度均大于 k，这表明 $z_l^{(3)}$ 是 $z_m^{(1)}w$ 的一个真内缀；当 $|z_2^{(2)}\cdots z_n^{(2)}|\leqslant|v|<|y|$ 时，同样因 Z 是一个内缀码，所以 $z_l^{(3)}=z_1^{(2)}$ 或 $z_{l-1}^{(3)}$ 是 $z_m^{(1)}w$ 的一个真内缀，不管是哪一种情况都与 Z 是 k-逗点码矛盾．当 $|y|<|z_2^{(2)}\cdots z_n^{(2)}|$ 时，则存在一个正整数 p，$1<p\leqslant n$ 和 $z'<_s z_p^{(2)}$，使得 $y=z'z_{p+1}^{(2)}\cdots z_n^{(2)}$．若 $z'=1$，因 Z 是内缀码，所以

$$z_p^{(2)}=z_l^{(3)},z_{p-1}^{(2)}=z_{l-1}^{(3)},\cdots,z_1^{(2)}=z_{l-p+1}^{(3)}.$$

又因为 $|z_p^{(3)}|>k$ 和 Z 是一个内缀码，所以 $z_p^{(3)}$ 是 $z_m^{(1)}w$ 的一个真内缀，这与 Z 是 k-逗点码矛盾．若 $z'\neq 1$，Z 是内缀码，也表明 $z_l^{(3)}$ 是 $z_{p-1}^{(2)}z_p^{(2)}$ 一个真内缀，矛盾．

情形 2 如果 $|x|\leqslant|u|<|xw|$，由于 Z 是一个内缀码且 Z 中每个字的长度均大于 k，因此，

$$|xw|<|uz_1^{(3)}|\leqslant|xwz_1^{(2)}|,$$

但这时 $z_1^{(3)}$ 是 $wz_1^{(2)}$ 的一个真内缀，且既非前缀也非后缀，这与 Z 是无逗点码矛盾．

□

推论 4. 3. 9 令 Y,Z 是两个可复合的 k-逗点码，$k\geqslant 0$. 如果 Z 是无逗点码，

那么 $X=Y\circ Z$ 也是一个 k-逗点码.

接下来讨论无逗点码和 k-逗点码的分解.

命题 4.3.16　令 X,Y,Z 是码且 $X=Y\circ Z$. 如果 X 是无逗点码,那么 Y 也是.

证明:假定 $X,Z\subseteq A^*,Y\subseteq B^*,\beta:B^*\to A^*$ 是一单同态且 $\beta(B)=Z,\beta(Y)=X$. 假设 Y 不是无逗点码,那么存在 $x,y,x\in Y,u,v\in B^+$ 使得 $xy=uzv$. 这表明

$$\beta(xy)=\beta(x)\beta(y)=\beta(uzv)=\beta(u)\beta(z)\beta(v).$$

注意到 $\beta(u),\beta(v)\in Z^+$ 和 $\beta(x),\beta(y),\beta(z)\in X$,故 X 不是无逗点码,矛盾.

□

注 4.3.3　关于三个码 X,Y,Z 且 $X=Y\circ Z$,当 X 是一个无逗点码时,Z 不一定是无逗点码. 例如,令 $A=\{a,b\},B=\{c,d\}$,

$$Y=\{cd\}\subseteq B^+,Z=\{a^2b,aba\}\subseteq A^+$$

和 $\beta:B^*\to A^*$,其中 $\beta(c)=a^2b,\beta(d)=aba$. 于是,$X=\{a^2baba\}$. 易证,$X$ 是无逗点码,但 Z 不是.

注 4.3.4　(1)关于三个码 X,Y,Z 且 $X=Y\circ Z,k\geqslant 1$,如果 X 是 k-逗点码,Y 和 Z 都不一定是 k-逗点码. 例如,令 $A=\{a,b\},B=\{c\}$,

$$Y=\{c^2\}\subseteq B^+,Z=\{ab^ka\}\subseteq A^+$$

和 $\beta:B^*\to A^*$,其中 $\beta(c)=ab^ka$. 不难发现,Y 和 Z 都不是 k-逗点码,但 $X=\{(ab^ka)^2\}$ 是 k-逗点码.

(2)关于三个码 X,Y,Z 且 $X=Y\circ Z,k\geqslant 1$,当 X 是一个 k-逗点码时,Y 和 Z 也不一定是无逗点码. 例如,令 $A=\{a,b\},B=\{c\}$,

$$Y=\{c^2\}\subseteq B^+,Z=\{ab^kab^k\}\subseteq A^+$$

和 $\beta:B^*\to A^*$,其中 $\beta(c)=(ab^kab^k)^2$. 易知,$X=\{(ab^ka)^2\}$ 是 k-逗点码,Y 和 Z 都不是无逗点码.

4.4 双缀码的分类以及 k-逗点关联码性质的确定性问题

令 $k\geqslant0,m\geqslant1$. 则,

$$\boldsymbol{C}_{k,m}\subset\boldsymbol{C}_{k,m+1}\subset\boldsymbol{B},m\geqslant1.$$

令 L 是一个双缀码, $k\geqslant0,m\geqslant2$. 称 L 是一个真 (k,∞)-逗点码 (k,∞), 如果关于任意 $m\geqslant1, L\notin\mathbf{C}_{k,m}$. 关于 $m\geqslant1$, 记所有的真 (k,∞)-逗点码构成的集为 $\mathbf{PC}_{k,\infty}$.

于是,双缀码类就被分成一些子类的不交并,即

$$\boldsymbol{B}=\boldsymbol{C}_{k,1}\sqcup\mathbf{PC}_{k,2}\sqcup\cdots\sqcup\mathbf{PC}_{k,m}\sqcup\cdots\sqcup\mathbf{PC}_{k,\infty}.$$

那么,对于一个给定的正则双缀码 L, L 必在某一子类中,本节将确定它在哪一类.

接下来给出一些有限和无限真 (k,∞)-逗点码和真指数为 m 的 k-逗点关联码, $k\geqslant0,m\geqslant1$ 的实例.

例 4.4.1 关于任意 $k\geqslant0$, 取 $A=\{a,b\}$.

(1) $\{a^2,aba\}$ 和 $ab^+a\cup\{b\}$ 均是真 (k,∞)-逗点码.

(2) $\{ab^{k+1}a\}$ 和 $\{a^nb^{k+n}a^n\mid n\geqslant1\}$ 均是真 k-逗点码.

(3) $\{b^3ab^4,ab^2\}$ 和 $\{a^nb^n\mid n\geqslant1\}$ 均是真 $(0,2)$-逗点码, $\{b^2a^{k+1}ba^kb^2,a^{k+1}b\}$ 和 $\{b^{k+2}a^{k+1}ba^kb\}\cup\{a^{k+n}b^na\mid n\geqslant1\}$ 均是真 $(k,2)$-逗点码,其中 $k\geqslant1$.

(4) 令 $u_i=ab^{k+i}a,i\geqslant1,m\geqslant3$,

$$L_1=\{u_ib^ku_{i+1}\mid1\leqslant i\leqslant2m-1,i\geqslant1\}\cup\{u_{2m+1}\}.$$

则 L_1 和 $L_1\cup L(=L_2)$ 均是真指数为 m 的 k-逗点关联码,其中

$$L=\{a^{k+n}b^{n+k}\mid n\geqslant 4m+3k+3, n\geqslant 1\}.$$

事实上，易知，$L_2\notin \mathbf{C}_{k,m-1}$. 下证 $L_2\in \mathbf{C}_{k,m}$，即证，

$$(L_2A^k)^m L_2\cap A^+(L_2A^k)^{m-1}L_2A^+=\emptyset,$$

这是因为，若 $(L_2A^k)^m L_2\cap A^+(L_2A^k)^{m-1}L_2A^+\neq\emptyset$，则存在 $v_1, v_2, \cdots, v_{m+1}, w_1, w_2, \cdots, w_m\in L_2, x_1, x_2, \cdots, x_m, y_1, y_2, \cdots, y_{m-1}\in A^k, r, s\in A^+$ 使得

$$v_1x_1\cdots v_mx_mv_{m+1}=rw_1y_1\cdots w_{m-1}y_{m-1}w_ms.$$

因为 $(L_1A^k)^m L_1\cap A^+(L_1A^k)^{m-1}L_1A^+=\emptyset$，所以存在两个最小的正整数 p, q，$1\leqslant p\leqslant m+1$，$1\leqslant q\leqslant m$，使得 $v_p\in L$ 或 $w_q\in L$. 不失一般性，假定存在 $l\geqslant 4m+3k+3$ 使得 $v_p=a^{l+k}b^{l+k}$，则存在整数 l'，$1\leqslant l'\leqslant m$，使得 $w_{l'}=v_p=a^{l+k}b^{l+k}$. 因此有

$$v_1x_1\cdots v_{p-1}=rw_1y_1\cdots w_{l'-1} \tag{4.2}$$

和

$$v_{p+1}x_{p+1}\cdots v_mx_mv_{m+1}=w_{l'+1}y_{l'+1}\cdots w_{m-1}y_{m-1}v_ms. \tag{4.3}$$

又因为 L 是一个双缀码且 $r\in A^+$，所以由 (4.2) 可知，$p-1>l'-1$，即 $p>l'$. 而 $s\in A^+$，于是，由 (4.3) 知，$m-p+1\geqslant m-l'+1$，即 $p\leqslant l'$，矛盾 .

□

令 $\emptyset\neq L\subseteq A^+$，$k, n\geqslant 0$，记：

$$W_0=((A^+)^{-1}(LA^k))\setminus\{1\},$$

$$W_1=W_0^{-1}(LA^k)\cup(LA^k)^{-1}W_0,$$

$$\vdots$$

$$W_n=W_{n-1}^{-1}(LA^k)\cup(LA^k)^{-1}W_{n-1},$$

$$\vdots$$

给出一个双缀码是某个指数为 m 的 k-逗点关联码的必要条件，为此，需要以下引理：

引理 4.4.1　令 L 为 A 上一非空语言，$k\geqslant 0$. 如果 L 是一个双缀码，那么 LA^k 也是一个双缀码 .

证明:假设 LA^k 不是一个双缀码,则存在 $u,v\in L,x,y\in A^k,w\in A^+$,使得 $ux=vyw$ 或 $ux=wvy$. 对于前者,消去等式两边的最后 $|x|$ 个字母,那么 v 是 u 的一个前缀,这与 L 是双缀码矛盾 . 对于后者,因为 $x,y\in A^k$,所以 $x=y$,从而,$u=wv$,矛盾 .

□

引理 4.4.2 令 L 为 A 上一双缀码,$n\geqslant 0$,则 $W_{n+1}\subseteq W_n$.

证明:L 是一个双缀码,根据引理 4.4.1,LA^k 也是一个双缀码 . 因此,$1\notin W_0^{-1}(LA^k)\cup(LA^k)^{-1}W_0=w_1$. 由 W_0 和 W_1 的定义可知,$W_1\subseteq W_0$,即当 $n=0$ 时,结论成立 .

假定结论关于 $n=l\geqslant 1$ 成立,即 $W_{l+1}\subseteq W_l$. 则有以下情况:

$$W_{l+1}^{-1}(LA^k)\subseteq W_l^{-1}(LA^k),(LA^k)^{-1}W_{l+1}\subseteq(LA^k)^{-1}W_l.$$

又有

$$\begin{aligned}W_{l+2}&=W_{l+1}^{-1}(LA^k)\cup(LA^k)^{-1}W_{l+1}\\&\subseteq W_l^{-1}(LA^k)\cup(LA^k)^{-1}W_l\\&=W_{l+1}.\end{aligned}$$

因此,当 $n=l+1$ 时,结论成立 .

□

引理 4.4.3 令 L 为 A 上一双缀码,$v\in A^+,u_0x_0\in W_0,u_1,u_2,\cdots,u_i,v_1\in L,x_1,x_2,\cdots,x_i,y_1\in A^k,i\geqslant 1,k\geqslant 0$. 如果 $u_0x_0u_1x_1\cdots u_ix_iv=v_1y_1$,那么 $v\in W_{i+1}$.

证明:因为 $u_0x_0\in w_0,u_0x_0u_1x_1\cdots u_ix_iv=v_1y_1$,所以

$$u_1x_1\cdots u_ix_iv\in W_0^{-1}(LA^k)\subseteq W_1.$$

从而,$u_2x_2\cdots u_ix_iv\in(LA^k)^{-1}W_1\subseteq W_2$. 类似操作 $i-1$ 步后,有 $v\in W_{i+1}$.

□

引理 4.4.4 令 L 为 A 上一双缀码,$v\in A^+,u_1,u_2,\cdots,u_i\in L,x_1,x_2,\cdots,x_i\in A^k,i\geqslant 1,k\geqslant 0$. 如果 $u_1x_1\cdots u_ix_iv\in W_j,j\geqslant 0$,那么 $v\in W_{i+j}$.

证明:因为 $u_1x_1u_2x_2\cdots u_ix_iv\in W_j$,所以

$$u_2x_2\cdots u_ix_iv\in(LA^k)^{-1}W_j\subseteq W_{1+j}.$$

类似操作 $i-1$ 步后,有 $v\in W_{i+j}$.

□

引理 4.4.5　令 L 为 A 上一双缀码,$v\in A^+$,$k\geqslant 0$,$n\geqslant 1$. 则 $v\in W_n$ 当且仅当存在 $u_0x_0\in W_0$,$u_1,u_2,\cdots,u_i,v_1,v_2,\cdots,v_j\in L$,$x_1,x_2,\cdots,x_i,y_1,y_2,\cdots,y_j\in A^k$,其中 $i+j=n$,$i\geqslant 0$,$j\geqslant 1$,使得以下两个假设之一成立:

(1)存在 $v\in S_{nt}(v_jy_j)$ 使得 $u_0x_0u_1x_1\cdots u_ix_iv=v_1y_1\cdots v_jy_j$.

(2)存在 $v\in S_{nt}(u_ix_i)$ 使得 $u_0x_0u_1x_1\cdots u_ix_i=v_1y_1\cdots v_jy_jv$.

证明:必要性. 令

$$v\in W_1=W_0^{-1}(LA^k)\cup(LA^k)^{-1}W_0.$$

则

$$v\in W_0^{-1}(LA^k),\text{或 }v\in(LA^k)^{-1}W_0.$$

于是,存在 $u_0x_0\in W_0$,$v_1\in L$,$y_1\in A^k$,使得 $u_0x_0v=v_1y_1$,或者 $v_1y_1v=u_0x_0$. 因此,当 $n=1$ 时,结论成立.

假定结论关于 $n=l$ 成立. 下证当 $n=l+1$ 时,结论成立. 令

$$v\in W_{l+1}=W_l^{-1}(LA^k)\cup(LA^k)^{-1}W_l.$$

则 $v\in W_l^{-1}(LA^k)$,或 $v\in(LA^k)^{-1}W_l$.

情形 1　若 $v\in W_l^{-1}(LA^k)$,则存在 $v'\in W_l$,$w_1\in L$,$z_1\in A^k$,使得 $v'v=w_1z_1$. 因 $v'\in W_l$,由归纳假设知,存在 $u_0x_0\in W_0$,$u_1,u_2,\cdots,u_i,v_1,v_2,\cdots,v_j\in L$,$x_1,x_2,\cdots,x_i,y_1,y_2,\cdots,y_j\in A^k$,$i+j=l$,$i\geqslant 0$,$j\geqslant 1$,使得

$$u_0x_0u_1x_1\cdots u_ix_i=v_1y_1\cdots v_jy_jv',\tag{4.4}$$

其中 $v'\in S_{nt}(u_ix_i)$,或

$$u_0x_0u_1x_1\cdots u_ix_iv'=v_1y_1\cdots v_jy_j,\tag{4.5}$$

其中 $v'\in S_{nt}(v_jy_j)$. 由式(4.4)可知,

$$u_0x_0u_1x_1\cdots u_ix_iv=v_1y_1\cdots v_jy_j(w_1z_1),$$

其中 $i+j+1=l+1, i\geqslant 0, j\geqslant 1, v\in S_{nt}(w_1z_1)$. 故(1)成立. 另外,由式(4.5)可知,

$$u_0x_0u_1x_1\cdots u_ix_iw_1z_1=v_1y_1\cdots v_jy_jv,$$

其中 $i+1+j=l+1, i\geqslant 0, j\geqslant 1, v\in S_{nt}(w_1z_1)$. 因此,(2)成立.

情形 2 如果 $v\in (LA^k)^{-1}W_l$,同理,(1)或(2)成立.

充分性. 假设(2)成立,下证 $v\in W_n$.

当 $j=1$ 时,显然有 $u_0x_0u_1x_1\cdots u_ix_iv=v_1y_1$,从而,根据引理 4.4.3,$v\in W_{i+1}=W_n$. 假设关于 $1\leqslant j\leqslant l$ 成立. 现证关于 $j=l+1$ 成立. 因为 L 是一个双缀码,所以由引理 4.4.1 知,LA^k 也是一个双缀码,于是有以下两种情况:

情形 1 若 $u_1x_1\cdots u_ix_iv\in S_{nt}(v_{l+1}y_{l+1})$,则存在 $z_1\in A^+$ 使得

$$u_0x_0=v_1y_1\cdots v_ly_lz_1, \tag{4.6}$$

$$v_{l+1}y_{l+1}=z_1u_1x_1\cdots u_ix_iv. \tag{4.7}$$

关于式(4.6),有

$$v_2y_2\cdots v_ly_lz_1\in (LA^k)^{-1}W_0\subseteq W_1.$$

由引理 4.4.5 可知,$z_1\in W_{(l-1)+1}=W_l$. 关于式(4.7),有

$$u_1x_1u_2x_2\cdots u_ix_iv\in W_l^{-1}(LA^k)\subseteq W_{l+1}.$$

又由引理 4.4.5,有 $v\in W_{i+l+1}=W_n$.

情形 2 若 $v_{l+1}y_{l+1}\in S_{nt}(u_1x_1\cdots u_ix_iv)$,则存在正整数 p, $1\leqslant p\leqslant i$, 和 $z_2, z_3\in A^+$,使得

$$v_{l+1}y_{l+1}=z_3u_{p+1}x_{p+1}\cdots u_ix_iv, \tag{4.8}$$

$$u_0x_0\cdots u_{p-1}x_{p-1}z_2=v_1y_1\cdots v_ly_l, \tag{4.9}$$

其中 $z_2z_3=u_px_p$. 关于式(4.9),注意到 LA^k 是一双缀码且 $u_0x_0\in W_0$,于是,$z_2\neq v_ly_l$.

若 $v_ly_l\in S_{nt}(z_2)$,则存在正整数 q, $1\leqslant q\leqslant l-1$ 和 $z_4\in S_{nt}(v_qy_q)$,使得

$$u_0x_0u_1x_1\cdots u_{p-1}x_{p-1}z_4=v_1y_1\cdots v_qy_q \tag{4.10}$$

和 $z_2=z_4v_{q+1}y_{q+1}\cdots v_ly_l$. 由归纳假设和式(4.10)，有 $z_4\in W_{p-1+q}$. 而

$$z_2z_3=z_4v_{q+1}y_{q+1}\cdots v_ly_lz_3=u_px_p\in LA^k,$$

于是，$v_{q+1}y_{q+1}\cdots v_ly_lz_3\in W_{p-1+q}^{-1}(LA^k)\subseteq W_{p+q}$.

根据引理 4.4.5，$z_3\in W_{[l-(q+1)+1]+p+q}=W_{p+l}$. 由式(4.8)可知，

$$u_{p+1}x_{p+1}\cdots u_ix_iv\in W_{p+l}^{-1}(LA^k)\subseteq W_{p+l+1}.$$

又由引理 4.4.5，有 $v\in W_{[i-(p+1)+1]+p+l+1}=W_{i+l+1}=W_n$.

若 $z_2\in S_{nt}(v_ly_l)$，则由归纳假设和式(4.9)，有 $z_2\in W_{p-1+l}$. 注意到 $z_2z_3=u_px_p$，从而，$z_3\in(W_{p-1+l})^{-1}(LA^k)\subseteq W_{p+l}$. 根据式(4.8)，

$$u_{p+1}x_{p+1}\cdots u_ix_iv\in(W_{p+l})^{-1}LA^k\subseteq W_{p+l+1}.$$

又根据引理 4.4.5，有 $v\in W_{[i-(p+1)+1]+p+l+1}=W_{i+l+1}=W_n$.

假设(2)成立. 由 $v\in S_{nt}(u_ix_i)$ 可知，存在 $v'\in A^+$ 使得 $u_ix_i=v'v$ 且

$$u_0x_0u_1x_1\cdots u_{i-1}x_{i-1}v'=v_1y_1\cdots v_jy_j.$$

若 $v'\in S_{nt}(v_jy_j)$，则由(1)可知，$v'\in W_{i-1+j}$. 而 $u_ix_i=v'v$，于是，

$$v\in(W_{i-1+j})^{-1}(LA^k)\subseteq W_{i+j}=W_n.$$

若 $v_jy_j\in S_{nt}(v')$，则存在整数 t，$1\leqslant t\leqslant j-1$ 和 $w\in S_{nt}(v_ty_t)$，使得

$$u_0x_0u_1x_1\cdots u_{i-1}x_{i-1}w=v_1y_1\cdots v_ty_t \tag{4.11}$$

和 $wv_{t+1}y_{t+1}\cdots v_jy_j=v'$ 成立. 根据条件(1)和式(4.11)，$w\in W_{i-1+t}$. 而

$$v'v=w(v_{t+1}y_{t+1}\cdots v_jy_j)v=u_ix_i\in LA^k,$$

于是，

$$v_{t+1}y_{t+1}\cdots v_jy_jv\in W_{i-1+t}^{-1}(LA^k)\subseteq W_{i+t},$$

由引理 4.4.5 可知，$v\in W_{[j-(t+1)+1]+i+t}=W_{i+j}=W_n$.

□

定理 4.4.1　令 L 为 A 上一双缀码，$k\geqslant 0$，$m\geqslant 1$. 如果 L 是指数为 m 的 k-逗点关联码，那么 $W_{2m}=\varnothing$.

证明： 假设 $W_{2m}\neq\varnothing$. 令 $v\in W_{2m}$. 则由引理 4.4.5 可知，存在

$$u_0x_0 \in W_0, u_1, u_2, \cdots, u_i, v_1, v_2, \cdots, v_j \in L, x_1, x_2, \cdots, x_i, y_1, y_2, \cdots,$$
$$y_j \in A^k, i+j=2m, i \geqslant 0, j \geqslant 1$$

使得

$$u_0x_0u_1x_1\cdots u_ix_i = v_1y_1\cdots v_jy_jv, \tag{4.12}$$

其中 $v \in S_{nt}(u_ix_i)$，或者

$$u_0x_0u_1x_1\cdots u_ix_iv = v_1y_1\cdots v_jy_j, \tag{4.13}$$

其中 $v \in S_{nt}(v_jy_j)$. 则有以下几种情形：

情形 1　当 $j>m$ 且 $i<m$.

关于式(4.12)，因为 $u_0x_0 \in W_0$，所以存在 $u_{0'} \in A^+$ 使得 $u_{0'}u_0x_0 \in LA^k$，从而，

$$u_{0'}u_0x_0u_1x_1\cdots u_ix_i = u_{0'}v_1y_1\cdots v_jy_jv. \tag{4.14}$$

在式(4.14)的左右两边同时乘以 $m-i-1$ 个 LA^k 中的字和 1 个 L 中的字，于是，

$$(LA^k)^mL \cap A^+(LA^k)^{m-1}LA^+ \neq \emptyset,$$

这与 L 是一个指数为 m 的 k-逗点关联码矛盾.

关于式(4.13)，其证明类似于关于式(4.12)的证明，仍然可得 L 不是一个指数为 m 的 k-逗点关联码.

情形 2　当 $j=m$ 且 $i=m$ 时.

考虑式(4.12)，因为 $u \in S_{nt}(u_mx_m)$，所以根据 v 的长度有以下两种可能：

如果 $|v|<k$，消去式(4.12)两边的最后 $|x_m|$ 个字母，则存在 $v_1' \in A^+$ 使得

$$u_0x_0u_1x_1\cdots u_m = v_1y_1\cdots v_mv_1'.$$

又因 $u_0x_0 \in W_0$，从而存在 $u_1' \in A^+$ 使得 $u_1'u_0x_0 \in LA^k$，于是，$(LA^k)^mL \cap A^+(LA^k)^{m-1}LA^+ \neq \emptyset$，矛盾.

如果 $k \leqslant |v| < |u_m x_m|$，那么消去式(4.12)两边的最后 $|v|$ 个字母，从而存在 $w \leqslant_p u_m, w \neq 1$，使得

$$u_0 x_0 u_1 x_1 \cdots u_{m-1} x_{m-1} w = v_1 y_1 \cdots v_{m-1} y_{m-1} v_m y_m.$$

又由于 $u_0 x_0 \in W_0$，因此存在 $w' \in A^*, u_{2'} \in A^+, u_{2'} u_0 x_0 \in LA^k, ww' \in L$，使得

$$(u_2' u_0 x_0) u_1 x_1 \cdots u_{m-1} x_{m-1} (ww') = u_2' v_1 y_1 \cdots v_{m-1} y_{m-1} v_m y_m w'.$$

于是，$(LA^k)^m L \cap A^+ (LA^k)^{m-1} LA^+ \neq \varnothing$，矛盾．

关于式(4.13)，很容易看出 $(LA^k)^m L \cap A^+ (LA^k)^{m-1} LA^+ \neq \varnothing$，矛盾．

情形 3　当 $i>m$ 且 $j<m$. 同理，其证明类似于情形 1.

□

下面给出双缀码是指数为 m 的 k-逗点关联码的充分条件，为此，先介绍以下引理：

引理 4.4.6　令 L 为 A 上一双缀码，

$$u_0 x_0 \in W_0, u_1, u_2, \cdots, u_i, v_1, v_2, \cdots, v_j \in L, x_1, x_2, \cdots, x_i,$$

$$y_1, y_2, \cdots, y_j \in A^k, i, j \geqslant 1, k \geqslant 0.$$

如果 $u_0 x_0 u_1 x_1 \cdots u_i x_i = v_1 y_1 \cdots v_j y_j v, v \in A^+$，那么 $W_j \neq \varnothing$.

证明：因为 L 是一个双缀码，根据引理 4.4.1，LA^k 也是一个双缀码，于是有 $v \notin (LA^k)^+$. 否则，若 $v \in (LA^k)^+$，则存在整数 $n, 1 \leqslant n \leqslant j$，使得 $u_0 x_0 = v_1 y_1 \cdots v_n y_n$，这与 LA^k 是双缀码矛盾．当 $v \in S_{nt}(u_i x_i)$ 时，由引理 4.4.5 可知，$v \in W_{i+j} \subseteq W_j$，从而，$W_j \neq \varnothing$. 当 $u_i x_i \in S_{nt}(v)$ 时，存在整数 $l, 0 \leqslant l \leqslant i-1, w \in S_{nt}(u_l x_l)$，使得

$$u_0 x_0 u_1 x_1 \cdots u_l x_l = v_1 y_1 \cdots v_j y_j w.$$

根据引理 4.4.5，$w \in W_{l+j}$，又由引理 4.4.2 可知，有 $W_{l+j} \subseteq W_j$，因此，$W_j \neq \varnothing$.

□

定理 4.4.2　令 L 为 A 上一双缀码，且 $lg(L)>k, k \geqslant 0$. 若存在 $m \geqslant 1$ 使得 $W_m = \varnothing$，则 L 是指数为 m 的 k-逗点关联码．

证明：(1) 当 $m=1$ 时．

因 L 是一个双缀码,则根据引理 4.4.1,LA^k 也是一个双缀码. 且 L 还是一个内缀码,否则,由引理 4.2.3 可知,LA^k 也不是一个内缀码,那么存在 $r,s\in L,x,y\in A^k,u',v'\in A^+$,使得 $u'rxv'=sy$,从而,$rxv'\in W_0$. 但 $rx\in LA^k$,于是,

$$v'\in(LA^k)^{-1}W_0\subseteq W_1,$$

这与 $W_1=\varnothing$ 矛盾.

由定理 4.2.1 可知,要证 L 是一个 k-逗点码,需证 $L\in \boldsymbol{S}_i,i=1,3,5$.

如果 $L\notin \boldsymbol{S}_1$,那么存在 $u\in L,u_1\in S_{nt}(L),y_1\in A^{\leqslant k}$,使得 $u=u_1y_1$. 取 $x_1\in A^k$,则存在 $x_2\in A^k,y'\in A^+$,使得 $ux_1=u_1y_1x_1=u_1x_2y'$. 但 $u_1x_2\in W_0$,于是,$y'\in W_0^{-1}(LA^k)\subseteq W_1$,矛盾.

如果 $L\notin \boldsymbol{S}_3$,那么存在 $v\in L,y_2\in A^{\leqslant k},u_2\in P_{nt}(L)$,使得 $v=y_2u_2$. 取 $x_3\in A^k$,那么 $vx_3=y_2u_2x_3$,但 $y_2\in W_0$,于是,$u_2x_3\in W_0^{-1}(LA^k)\subseteq W_1$,矛盾.

如果 $L\notin \boldsymbol{S}_5$,则存在 $w\in L,u_3\in S_{nt}(L),y_3\in A^k,u_4\in P_{nt}(L)$,使得 $w=u_3y_3u_4$. 取 $x_4\in A^k$,那么 $wx_4=u_3y_3u_4x_4$. 又因 $u_3y_3\in W_0$,于是,$u_4x_4\in W_0^{-1}(LA^k)\subseteq W_1$,矛盾.

(2)当 $m\geqslant 2$ 时.

假设 L 不是一个指数为 m 的 k-逗点关联码,则存在 $u_1,u_2,\cdots,u_{m+1},v_1,v_2,\cdots,v_m\in L,x_1,x_2,\cdots,x_m,y_1,y_2,\cdots,y_{m-1}\in A^k,u,v\in A^+$,使得

$$u_1x_1\cdots u_mx_mu_{m+1}=uv_1y_1\cdots v_{m-1}y_{m-1}v_mv.$$

由于 LA^k 是双缀码,因此,$u\notin(LA^k)^+$.

当 $u\in P_{nt}(u_1x_1\cdots u_mx_m)$ 时,存在一个最小的整数 $i,1\leqslant i\leqslant m$,和 $z_1\in S_{nt}(u_ix_i)$,使得

$$z_1u_{i+1}x_{i+1}\cdots u_mx_mu_{m+1}=v_1y_1\cdots v_{m-1}y_{m-1}v_mv.$$

令 $x_{m+1}\in A^k$. 则有如下等式:

$$z_1u_{i+1}x_{i+1}\cdots u_mx_mu_{m+1}x_{m+1}=v_1y_1\cdots v_{m-1}y_{m-1}v_mvx_{m+1}.\tag{4.15}$$

将式(4.15)写为:

$$z_1u_{i+1}x_{i+1}\cdots u_mx_mu_{m+1}x_{m+1}=v_1y_1\cdots v_{m-1}y_{m-1}v_my_mz_3,$$

其中 $y_m\in A^k$，$z_3\in A^+$ 且 $vx_{m+1}=y_mz_3$. 然而，$z_1\in W_0$，则根据引理 4.4.6，$W_m\neq\varnothing$，矛盾.

当 $u_1x_1\cdots u_mx_m\in P_{nt}(u)$ 时，证明类似于(**1**)，可得 $W_m\neq\varnothing$，矛盾.

□

根据定理 4.4.1 和定理 4.4.2，有以下推论：

推论 4.4.1 令 L 为 A 上一双缀码，$lg(L)>k$，$k\geqslant0$. 则对任意 $m\geqslant1$，L 不是指数为 m 的 k-逗点关联码当且仅当关于任意 $n\geqslant1$，$W_n\neq\varnothing$.

进而，有如下推论：

推论 4.4.2 令 L 为 A 上一双缀码，$lg(L)>k$，$k\geqslant0$. 则 L 是一个真指数为 m 的 k-逗点关联码，其中 $m\geqslant1$ 当且仅当存在 $n\geqslant1$ 使得 $W_n=\varnothing$.

关于任意正实数 m，记 $[m]$ 是小于或等于 m 的最大正整数.

定理 4.4.3 令 L 为 A 上一双缀码，$lg(L)>k$，$k\geqslant0$. 如果 $W_m\neq\varnothing$ 且 $W_{m+1}=\varnothing$，$m\geqslant0$，那么 L 是一个真指数为 n 的 k-逗点关联码，其中 $\left[\frac{m}{2}\right]+1\leqslant n\leqslant m+1$.

证明：当 $m=0,1$ 时，$\left[\frac{m}{2}\right]=0$，根据定理 4.4.2，$L$ 分别是 k-逗点码和指数为 2 的 k-逗点关联码.

当 $m\geqslant2$ 时，因 $W_{m+1}=\varnothing$，又由定理 4.4.2 可知，L 是一个指数为 $m+1$ 的 k-逗点关联码. 下证 L 不是一个指数为 $\left[\frac{m}{2}\right]$ 的 k-逗点关联码.

若 $m=2m_1$，$m_1\geqslant1$，则 $\left[\frac{m}{2}\right]=m_1$ 且 $W_{2m_1}\neq\varnothing$，于是，根据定理 4.4.1，L 不是一个指数为 $\left[\frac{m}{2}\right]$ 的 k-逗点关联码. 若 $m=2m_2+1$，$m_2\geqslant1$，则 $\left[\frac{m}{2}\right]=m_2$，且 L 不是一个指数为 m_2 的 k-逗点关联码. 否则，如果 L 不是一个指数为 m_2 的 k-逗点关联码，那么根据定理 4.4.1，$W_{2m_2}=\varnothing$. 另外，由引理 4.4.2 知，$W_{2m_2+1}\subseteq W_{2m_2}$，于是，

$W_{2m_2+1}=W_m=\varnothing$,这与已知矛盾.

□

定理 4.4.4 令 L 是一个正则双缀码. 可以判定 L 是不是一个真指数为 j 的 k-逗点关联码,其中 $j\geq 1$.

证明: 当 $lg(L)\leqslant k$ 时,L 是一个真(k,∞)-逗点码. 当 $lg(L)>k$ 时,如果 $W_1=\varnothing$,由定理 4.4.2 可知,L 是 k-逗点码;如果 $W_1\neq\varnothing$,根据引理 4.4.2,有

$$W_1\supseteq W_2\supseteq\cdots,$$

于是,存在 $m\geqslant 2$ 使得

$$\varnothing\neq W_i=W_m,i\geqslant m+1,\text{或者}W_m=\varnothing.$$

当 $W_i=W_m\neq\varnothing,i\geqslant m+1$ 时,关于所有的 $n\geqslant 1$,有 $W_n\neq\varnothing$,于是,根据推论 4.4.1,L 是真(k,∞)-逗点码.

当 $W_m=\varnothing$ 时,不妨假定 $W_{m-1}\neq\varnothing$. 根据定理 4.4.3,L 是指数为 j 的 k-逗点关联码,其中 $\left[\dfrac{m-1}{2}\right]+1\leqslant j\leqslant m,j\geqslant 1$.

由于 L 是正则的,因此,关于任意 $i\geqslant 1$,语言

$$\bar{L}=(LA^k)^iL\cap A^+(LA^k)^{i-1}LA^+$$

也是正则的,根据定理 2.3.2,$\bar{L}$ 是否为空是可以判定的,从而可以判定 L 是不是指数为 j 的 k-逗点关联码,其中 $\left[\dfrac{m-1}{2}\right]+1\leqslant j\leqslant m$.

□

例 4.4.2 令 $A=\{a,b\}$,$L=\{b^2a^{k+1}ba^kb^2,a^{k+1}b\}$,$k\geqslant 1$. 显然,$L$ 是一个双缀码,通过计算,有如下等式:

$$W_0=\bigcup_{i=0}^{k}(a^ib^2\cup a^ib\cup a^iba^kb^2)A^k\cup(a^{k+1}ba^kb^2\cup ba^{k+1}ba^kb^2)A^k\cup A^{\leqslant k},$$

$$W_1=\bigcup_{i=1}^{k}(a^ib\cup a^iba^kb^2)A^k\cup(a^{k+1}ba^kb^2\cup ba^{k+1}ba^kb^2\cup b^2)A^k,$$

$$W_2=(b^2\cup aba^kb^2)A^k,$$

$$W_3 = aba^k b^2 A^k,$$

$$W_4 = \varnothing.$$

因此，根据定理 4.4.3，L 是真指数为 n 的 k-逗点关联码，其中 $2 \leqslant n \leqslant 4$. 容易验证，

$$(LA^k)^2 L \cap A^+ (LA^k) LA^+ = \varnothing,$$

但 $LA^k L \cap A^+ LA^+ \neq \varnothing$，故 L 是一真指数为 2 的 k-逗点关联码.

□

例 4.4.3　令 $A = \{a, b\}$，$L = \cup_{n \geqslant 1} a^2 b^{k+n} a^{k+2} b \cup \{ab^{k+1} a\}$，$k \geqslant 1$. 则 L 是一个双缀码，通过计算，有如下等式：

$$W_0 = \bigcup_{n \geqslant 1} ab^{k+n} a^{k+2} bA^k \bigcup \left(\bigcup_{i=0}^{k+1} \left(b^i a \bigcup a^i b \right) A^k \right) \bigcup \left(\bigcup_{i=0} b^i a^{k+2} bA^k \right) \bigcup A^{\leqslant k},$$

$$W_1 = \bigcup_{n \geqslant 1} ab^{k+n} a^{k+2} bA^k \bigcup \left(\bigcup_{i=0}^{k+1} b^i aA^k \right) \bigcup \left(\bigcup_{i=0} b^i a^{k+2} bA^k \right) \bigcup abA^k,$$

$$W_2 = \bigcup_{n \geqslant 2} b^n a^{k+2} bA^k \bigcup \{a, ab, ba\} A^k,$$

$$W_3 = \bigcup_{n \geqslant 2} b^n a^{k+2} bA^k \bigcup \{a, ba\} A^k,$$

$$W_4 = \bigcup_{n \geqslant 2} b^n a^{k+2} bA^k \bigcup baA^k,$$

$$W_5 = \varnothing.$$

因此，根据定理 4.4.3，$L \in \boldsymbol{PC}_{k,m}$，$3 \leqslant m \leqslant 5$. 不难验证，

$$(LA^k)^3 L \cap A^+ (LA^k)^2 LA^+ = \varnothing,$$

但 $(LA^k)^2 L \cap A^+ (LA^k) LA^+ \neq \varnothing$，于是，$L$ 是真指数为 3 的 k-逗点关联码.

□

第 5 章　n-k-逗点码和 n-k-逗点关联码

与 n-码的推广方法类似,本章将 k-逗点码和 k-逗点关联码推广到 n-k-逗点码和 n-k-逗点关联码,主要研究 n-k-逗点码和 n-k-逗点关联码的代数性质,描述 1-k-逗点关联码族,以及讨论 1-1-逗点关联码性质的确定性问题.

5.1　n-k-逗点码和 n-k-逗点关联码的代数性质

5.1.1　n-k-逗点码

定义 5.1.1　令 L 为 A 上一语言,$k\geqslant 0,n\geqslant 1$. 称 L 是一个 n-k-逗点码,如果 L 的每个 n-元子集都是 k-逗点码.

命题 5.1.1[8]　对任意 $n\geqslant 2$,每个 n-k-逗点码都是内缀码.

证明:令 L 是一个 n-k-逗点码. 假设 L 不是内缀码,那么存在 $x,y\in A^*$,$xy\neq 1$,使得 $u,xuy\in L$. 令 $L_1=\{u,xuy\}$,$z\in A^k$,因此,

$$uzxuy \in L_1A^kL_1 \cap A^+L_1A^+,$$

这与 L_1 是 2-k-逗点码矛盾．

□

定理 5.1.1[8]　令 $X,Y \subseteq A^+$，$k \geqslant 0$，$n \geqslant 2$. 若 $X \cup Y$ 是一个 n-k-逗点码，那么 XY 是 1-k-逗点码．

证明：令 $X \cup Y$ 是 n-k-逗点码，其中 $n \geqslant 2$. 假设 XY 不是 1-k-逗点码．那么存在 $u \in XY$ 使得 $\{u\}$ 不是 k-逗点码，即

$$uA^ku \cup A^+uA^+ \neq \emptyset.$$

令 $u = u_1v_1$，其中 $u_1 \in X$，$v_1 \in Y$，那么存在 $w \in A^k$，$x,y \in A^+$，使得

$$u_1v_1wu_1v_1 = xu_1v_1y.$$

下面分三种情况进行讨论：

(1) 若 $|x| < |u_1|$，因 $X \cup Y$ 是 n-k-逗点码，其中 $n \geqslant 2$，那么 $X \cup Y$ 是内缀码，则有

$$|u_1| < |xu_1| < |u_1v_1|.$$

那么存在 $y_1,y_2 \in A^+$，使得 $xu_1 = u_1y_1$，$u_1v_1 = xu_1y_2$. 若

$$|u_1v_1| < |xu_1v_1| < |u_1v_1wu_1|,$$

那么存在 $y_3 \in A^+$，使得 $u_1v_1wu_1 = xu_1v_1y_3$. 那么

$$u_1v_1wu_1 = xu_1v_1y_3 = u_1y_1v_1y_3.$$

因此，$v_1wu_1 = y_1v_1y_3$，这与 $X \cup Y$ 是一个 2-k-逗点码矛盾．若 $|xu_1v_1| \geqslant |u_1v_1wu_1|$，则存在 $y_4 \in A^*$，使得 $xu_1v_1 = u_1v_1wu_1y_4$，因此 $v_1 = (y_2w)u_1y_4$. 矛盾．

(2) 若 $|x| > |u_1|$，我们考虑以下三种情况：

(2-1) 如果 $|u_1| < |x| < |u_1v_1|$，那么存在 $y_5 \in A^+$ 使得 $x = u_1y_5$. 因为 $X \cup Y$ 是内缀码，所以 $|u_1v_1| < |xu_1| < |u_1v_1wu_1|$. 因此，存在 $y_6 \in A^+$ 使得

$$u_1v_1wu_1 = xu_1y_6 = u_1y_5u_1y_6.$$

故 $v_1wu_1 = y_5u_1y_6$. 矛盾．

(2-2) 如果 $|u_1v_1| \leqslant |x| < |u_1v_1w|$，那么存在 $y_7 \in A^*$ 使得 $x = u_1v_1y_7$. 因为

$$|u_1v_1w| < |xu_1| < |u_1v_1wu_1|,$$

那么存在 $y_8 \in A^+$ 使得 $u_1v_1wu_1 = xu_1y_8 = u_1v_1y_7u_1y_8$. 故 $wu_1 = y_7u_1y_8$. 矛盾.

(2-3) 如果 $|x| \geqslant |u_1v_1w|$，那么存在 $y_9 \in A^*$ 使得 $x = u_1v_1wy_9$. 因此 $u_1v_1 = y_9u_1v_1y$. 则有 $y=1$，矛盾.

(3) 如果 $|x| = |u_1|$，那么 $x = u_1$，$v_1wu_1v_1 = u_1v_1y$. 因为 $X \cup Y$ 是内缀码，那么 $X \cup Y$ 是前缀码，因此 $u_1 = v_1$. 则有 $wv_1^2 = v_1y$. 因为 $k = |w| < |v_1| < |wv_1|$，所以，

$$v_1wv_1 \in (X \cup Y)X^k(X \cup Y) \cap A^+(X \cup Y)A^+,$$

这与 $X \cup Y$ 是 1-k-逗点码矛盾.

□

文献[13]指出，如果 X 和 Y 都是 k-逗点码，那么 XY 不一定是 k-逗点码. 令 L 是一个有限 k-逗点码，$k \geqslant 0$. 取

$$m = max\{\,|u|\mid u \in L\},\ u = a^{2m+k}b,\ a,b \in A,$$

那么 uL 是 k-逗点码. 换句话说，对于一个有限 k-逗点码 L，总可以找到一个字 $u \in A^+$ 使得 uL 是 k-逗点码.

命题 5.1.2[8]　令 L 是一个有限 k-逗点码，$k \geqslant 0$. 那么总存在一个无限语言 X 使得 XL 是一个 k-逗点码.

证明：令 $m = \max\{\,|u|\mid u \in L\}$，$X = \{ab^{2m+k+n}a \mid n \geqslant 1\}$，那么 XL 是一个 k-逗点码.

□

5.1.2　n-k-逗点关联码

定义 5.1.2　令 L 为 A 上一语言，$k \geqslant 0$，$m \geqslant 1$，$n \geqslant 1$. 称 L 为指数是 m 的 n-k-逗点关联码，如果 L 的任意 n-元子集都是指数为 m 的 k-逗点关联码.

记字母表 A 上所有的指数为 m 的 n-k-逗点关联码为 $C_{n,k,m}$.

定义 5.1.3 令 L 为 A 上一语言，$k\geqslant 0$，$n\geqslant 1$. 称 L 为 n-k-逗点关联码，如果存在正整数 m 使得 L 为指数是 m 的 n-k-逗点关联码.

记字母表 A 上所有的 n-k-逗点关联码为 $C_{n,k,\infty}$，即

$$C_{n,k,\infty}=\bigcup_{m\geqslant 1}C_{n,k,m}.$$

此外，也有

$$C_{k,m}=\bigcap_{n\geqslant}C_{n,k,m}.$$

根据 n-k-逗点关联码的定义，易得以下推论：

推论 5.1.1[13] 对于 $n,m\geqslant 1$，$k\geqslant 0$，$C_{n+1,k,m}\subseteq C_{n,k,m}$.

推论 5.1.2[13] 对于 $n,m\geqslant 1$，$k\geqslant 0$，$C_{k,m}\subseteq C_{n,k,m}$.

命题 5.1.3[13] 1-k-逗点关联码可能不是双缀码，双缀码也未必是 1-k-逗点关联码.

证明：考虑两个语言：

$$L_1=\{aa,aba\},L_2=\{ab^{k+1}a,ab^{k+1}ab^{k+1}a\}.$$

容易证明，L_1 是一个双缀码但不是 1-k-逗点关联码，而 L_2 是 1-k-逗点关联码但不是双缀码.

□

命题 5.1.4[78] 对任意 $n\geqslant 2$，每个 n-k-逗点关联码是双缀码.

证明：假定 L 是一个指数为 m 的 n-k-逗点关联码，但不是双缀码. 那么存在 $u,v\in L$，使得 $u=vz$，$z\in A^+$. 令 $|L'|=n$ 且 $v,u\in L'$. 取 $x\in A^k$，则

$$(ux)^m u\in(L'A^k)^m L'\cap A^+(L'A^k)^{m-1}L'A^+,$$

矛盾.

□

命题 5.1.5[13] 对于 k-逗点码和 n-k-逗点关联码族，有如下包含关系：

$$C_{k,m}=\cdots=C_{2m+2,k,m}=C_{2m+1,k,m}\subset\cdots\subset C_{2,k,m}\subset C_{1,k,m}.$$

证明:根据推论 5.1.1 和推论 5.1.2,只需证明下面两条成立:

(1) $C_{2m+1,k,m} \subseteq C_{k,m}$,

(2) 对任意 $1 \leqslant n \leqslant 2m+1$, $C_{n,k,m} \setminus C_{n+1,k,m} \neq \emptyset$.

先证(1). 如果 $L \notin C_{k,m}$,那么存在

$$u_1, u_2, \cdots, u_m, u_{m+1} \in L, v_1, v_2, \cdots, v_m \in L, x_1, x_2, \cdots, x_m,$$
$$y_1, y_2, \cdots, y_{m-1} \in A^k, z, z' \in A^+,$$

使得

$$u_1 x_1 u_2 x_2 \cdots u_m x_m u_{m+1} = z v_1 y_1 v_2 y_2 \cdots v_{m-1} y_{m-1} v_m z',$$

这说明 $L \notin C_{2m+1,k,m}$. 因此, $C_{2m+1,k,m} \subseteq C_{k,m}$.

再证(2). 构造语言 $L_n \in C_{n,k,m} \setminus C_{n+1,k,m}$. 令

$$A = \{a, b\}, u_i = ab^{k+i}a, i \geqslant 1.$$

取 $x_1, \cdots, x_{n+1} \in A^k$,以如下方式定义 L_n:

如果 $n \leqslant m$,设

$$L_n = \{u_2, u_3, \cdots, u_{n+1}, u_1 x_1 (u_2 x_2)^{m-n+1} u_3 \cdots u_{n+2}\}.$$

如果 $m<n<2m$ 且 n 是奇数,那么设

$$L_n = \{u_j x_j u_{j+1} \mid j = 1, 2, \cdots, n-1\} \cup \{u_{n+1}, u_n x_n (u_{n+1} x_{n+1})^{m-(n-1)/2} u_{n+2}\}.$$

如果 $m<n<2m$ 且 n 是偶数,那么设

$$L_n = \{u_j x_j u_{j+1} \mid j = 1, \cdots, n-2\} \cup \{u_n, u_{n+1}, u_{n-1} x_{n-1} u_n x_n (u_{n+1} x_{n+1})^{m-n/2} u_{n+2}\}.$$

如果 $n = 2m$,那么设

$$L_n = \{u_j x_j u_{j+1} \mid j = 1, \cdots, n+1\}.$$

容易验证, $L_n \in C_{n,k,m} \setminus C_{n+1,k,m}$,此结论得证.

□

命题 5.1.6[13] 对于 $n \geqslant 1, k \geqslant 0$,有

$$C_{n,k,1} \subseteq C_{n,k,2} \subseteq \cdots \subseteq C_{n,k,m} \subseteq \cdots.$$

证明:如果 $L \in C_{n,k,m}$,那么 $L' \subseteq L$, $|L'| \leqslant n$, $L' \in C_{k,m}$. 于是, $L' \in C_{k,m+1}$. 故

$L \in C_{n,k,m+1}$.

□

由命题 5.1.5 和命题 4.1.5 可知,以下推论是显然的.

推论 5.1.3[13]　对于 $n \geqslant 2m+1$,有

$$C_{n,k,m} \subset C_{n,k,m+1}.$$

命题 5.1.7[13]　对于 $2 \leqslant n \leqslant 2m+1$,有

$$C_{n,k,m} \subset C_{n,k,m+1}.$$

证明:取命题 5.1.5 构造的 L_n,可证明 $L_{n-1} \in C_{n,k,m+1} \backslash C_{n,k,m}$.

□

命题 5.1.8[13]　对于 $2 \leqslant n \leqslant 2m+1$,有

$$C_{n+1,k,\infty} \subset C_{n,k,\infty}.$$

证明:$C_{n+1,k,\infty} \subseteq C_{n,k,\infty}$显然成立. 下证真包含关系.

设 $u_1, u_2, \cdots, u_{n+1} \in L, x_1, x_2, \cdots, x_{n+1} \in A^k$,

$$M_n = \{ u_j x_j u_{j+1} \mid j = 1, 2, \cdots, n \} \cup \{ u_{n+1} x_{n+1} u_1 \}.$$

容易证明,$M_n \in C_{n,k,\infty} \backslash C_{n+1,k,\infty}$.

□

命题 5.1.9[13]　对于 $2 \leqslant n \leqslant 2m+1$,有

$$C_{2,k,\infty} \subset C_{1,k,\infty} \cap \boldsymbol{B}.$$

证明:由命题 5.1.4 和命题 5.1.8 知,$C_{2,k,\infty} \subseteq C_{1,k,\infty} \cap \boldsymbol{B}$. 对于真包含,取命题 5.1.8 中的 M_1,易知 $M_1 \in C_{1,k,\infty} \cap \boldsymbol{B}$ 但 $M_1 \notin C_{2,k,\infty}$.

□

推论 5.1.4[13]　对于 $n \geqslant 2, k \geqslant 0$,有

$$C_{n,k,1} \subset C_{n,k,2} \subset \cdots \subset C_{n,k,m} \subset \cdots.$$

命题 5.1.10[13]　令 $k \geqslant 0, m \geqslant 1$. 则

$$C_{1,k,1} = C_{1,k,2} = \cdots = C_{1,k,m} = \cdots.$$

证明:根据命题 5.1.6,证明 $C_{1,k,m+1} \subseteq C_{1,k,m}$ 即可.令 $L \in C_{1,k,m+1}$.那么对于 $u \in L$,$\{u\}$ 是一个指数为 $m+1$ 的 k-逗点关联码.根据命题 4.1.6,uA^k 是一个指数为 $m+1$ 的关联码,也是指数为 m 的关联码.又由命题 4.1.3,$\{u\}$ 是一个指数为 m 的 k-逗点关联码.因此,$L \in C_{1,k,m}$.

□

定理 5.1.2[13]　令 $L \subseteq U$,$k \geqslant 0$.如果对任意 $u \in L$,有 $|u|>k$,那么 L 是任何指数的 1-k-逗点关联码.

证明:根据命题 5.1.10,只需证明 L 是指数为 1 的 1-k-逗点关联码.假设 L 不是指数为 1 的 1-k-逗点关联码.那么存在 $u \in L$,使得 $\{u\}$ 不是 k-逗点码.因此,这里存在 $x,y \in A^+$,$w \in A^k$,使得 $uwu = xuy$.因 $|u|>k$,下列三种情况之一成立:

(1)$u = x_1x_2$,其中 $x_1 <_s u$,$x_2 \leqslant_p w$.

(2)$u = r_1wr_2$,其中 $r_1 <_s u$,$r_2 <_p u$.

(3)$u = s_1s_2$,其中 $s_1 \leqslant_s w$,$s_2 <_p u$.这几种情况都与 $u \in U$ 矛盾.因此,L 是指数为 1 的 1-k-逗点关联码.

□

由命题 5.1.5 知,关于 $k \geqslant 0$,所有的 k-逗点码是 2-k-逗点码.根据推论 4.2.3,所有的最小长度大于 k 的 Solid 码是 k-逗点码,因此是 2-k-逗点码,也就是说,所有最小长度大于 k 的无重叠的内缀码是 2-k-逗点码.但是,如果将"无重叠"这一条件减弱为其中所有字均"无边",那么结论可能不成立.例如,令 $A=\{a,b,c\}$,

$$L=\{ba^kc, ca^{k+1}b, c^{k+1}b\} \subseteq A^+, k \geqslant 0.$$

易知,$L \subseteq U$ 且 L 是一个内缀码,但不是 2-$(k,1)$-逗点码.因此,下面就给出使得内缀码是 2-k-逗点码的一个充要条件,也就是,借助于内缀码给出 2-$(k,1)$-逗点码的一个刻画.

关于 $k \geqslant 0$,记

$\mathbf{T}_1 = \{L \subseteq A^+ \mid$ 对于 $u,v \in A^+$,且 $|u| \leqslant k$,如果 $uv \in L$,那么 $vA^+ \cap L = \emptyset\}$,

$\mathbf{T}_2 = \{L \subseteq A^+ \mid$ 对于 $u,v \in A^+$,且 $|v| \leqslant k$,如果 $uv \in L$,那么 $A^+u \cap L = \emptyset\}$,

$\mathbf{T}_3 = \{L \subseteq A^+ \mid$ 对于 $u,v \in A^+$,且 $z \in A^k$,如果 $uzv \in L$ 那么 $vA^*u \cap L = \emptyset\}$.

令 $A = \{a,b,c\}$,$L = \{ba^{k+1}c, ab^{k+1}cb\}$,$k \geqslant 0$. 则 L 为一内缀码,且

$$L \in \bigcap_{i=1}^{3} \mathbf{T}_i.$$

假设 $L \notin \mathbf{T}_1$. 则有

$$a^j cA^+ \cap \{ab^{k+1}cb\} \neq \emptyset, j \geqslant 2,$$

$$b^l cbA^+ \cap \{ba^{k+1}c\} \neq \emptyset, l \geqslant 2,$$

矛盾. 同理可证,$L \in \mathbf{T}_n$,$n = 2,3$,也就是说,存在一个最小长度大于 k 的内缀码 L 使得 $L \in \cap_{n=1}^{3} \mathbf{T}_n$.

定理 5.1.3　令 $L \subseteq U$ 为一内缀码,$lg(L) > k$,$k \geqslant 0$,则 L 是 2-k-逗点码当且仅当

$$L \in \bigcap_{i=1}^{3} \mathbf{T}_i.$$

证明:充分性. 因为 L 是一个内缀码,所以它是一个 2-码. 又因 $L \subseteq U$ 且 $lg(L) > k$,根据引理 5.1.2,所以 L 是一个 1-k-逗点码. 假设 L 不是 2-k-逗点码. 则存在两个不同的字 $x,y \in L$,$z \in A^k$,$r,s \in A^+$,使得 $xzy = rxs$,$yzx = rxs$,或者 $yzy = rxs$. 根据 $L \subseteq U$,只需考虑第三种情况,此时,有以下三种情形:

情形 1　存在 $u \in A^+$,$u \leqslant_s z$,使得 $x = uv$,$y = vs$,从而,$L \notin \mathbf{T}_1$,矛盾.

情形 2　存在 $v \in A^+$,$v \leqslant_p z$,使得 $x = uv$,$y = ru$,从而,$L \notin \mathbf{T}_2$,矛盾.

情形 3　存在 $u,v \in A^+$ 使得

$$x = uzv, y = ru = vs.$$

若 $|r| \geqslant |v|$,则存在 $w_1 \in A^*$ 使得 $r = vw_1$,从而,$y = vw_1u$. 于是,$L \notin \mathbf{T}_3$,矛盾. 若 $|r| < |v|$,则存在 $w_2 \in A^+$ 使得 $v = rw_2$,$u = w_2s$. 于是,$x = w_2szrw_2$,这与 $L \subseteq$

U 矛盾.

必要性. 若能证明 $L\in \mathbf{T}_i,i=1,2,3$,则结论成立. 现在证明 $L\in \mathbf{T}_i,i=1,2,3$. 假设 $L\notin \mathbf{T}_1$. 令

$$L_1=\{uv,vz_1\}\subseteq L,u,v,z_1\in A^+,\ |u|\leqslant k.$$

取 $u'\in A^*$ 且 $u'u\in A^k$. 那么 $u'uvz_1\in A^*L_1A^+\cap A^kL_1$,因此,$L$ 不是 2-k-逗点码,矛盾.

假设 $L\notin \mathbf{T}_2$. 令

$$L_2=\{z_2u,uv\}\subseteq L,u,v,z_2\in A^+,\ |v|\leqslant k.$$

取 $v'\in A^*$ 且 $vv'\in A^k$. 那么 $z_2uvv'\in A^+L_2A^*\cap L_2A^k$,因此,$L$ 不是 2-k-逗点码,矛盾.

假设 $L\notin \mathbf{T}_3$. 令

$$L_3=\{vu,uzv\}\subseteq L,u,v\in A^+,z\in A^k.$$

那么 $vuzvu\in A^+L_3A^+\cap L_3A^kL_3$,因此,$L$ 不是 2-k-逗点码,矛盾.

□

5.2 1-k-逗点关联码族的描述

指数为 m 的 1-关联码构成的集为 $2^Q\setminus\emptyset,m\geqslant 1$. 事实上,对于 $k\geqslant 0$,指数为 m 的 1-k-逗点关联码构成的集为 $2^{X_k}\setminus\emptyset$,其中

$$X_k=\{u\in A^+\mid uvu\cap A^+uA^+=\emptyset,v\in A^k\}.$$

易知 $X_0=Q$. 本节给出 X_1 的一个全面描述,进而给出 $X_k(k\geqslant 2)$ 的一个部分描述.

命题 5.2.1[13] 令 L 为 A 上一非空语言,$k\geqslant 0,m\geqslant 0$. L 是 1-(k,m)-逗点

码当且仅当 $L\in 2^{X_k}\setminus\varnothing$,其中

$$X_k=\{u\in A^+\mid(\forall w\in A^k)uwu\cap A^+uA^+=\varnothing\}.$$

证明:根据命题 5. 1. 10,只需证明 L 是一个指数为 1 的 k-逗点关联码当且仅当

$$L\in 2^{X_k}\setminus\varnothing.$$

如果 L 是一个指数为 1 的 k-逗点关联码,那么对任意 $u\in L$,$\{u\}$ 是一个指数为 1 的 k-逗点关联码. 假设 $L\notin 2^{X_k}\setminus\varnothing$. 那么存在 $w\in L$ 使得 $w\notin X_k$. 于是,

$$wvw\cap A^+wA^+\neq\varnothing,v\in A^k,$$

这与 $\{w\}$ 是一个指数为 1 的 k-逗点关联码矛盾.

反之,令 $L\subseteq X_k$. 假设存在 $u\in L$ 使得 $\{u\}$ 不是一个指数为 1 的 k-逗点关联码. 那么存在 $v\in A^k$ 使得 $uvu\in A^+uA^+$,这与 $u\notin X_k$ 矛盾.

□

由推论 1. 3. 3 可知,所有的有边本原字可以写成

$$(xy)^ix,xy\in Q,x,y\neq 1,i\geqslant 1.$$

下面给出 1-k-逗点关联码族的一个部分描述,$k\geqslant 0$. 为此先定义如下符号:

对于 $k\geqslant 1$,记

$$NR^{>k}=\{u\in A^+\mid u=f^i,f\in Q,|f|>k,i\geqslant 2\},$$

$$NR^{\leqslant k}=\{u\in A^+\mid u=f^i,f\in Q,|f|\leqslant k,i\geqslant 2\},$$

$$Q_B^{\geqslant k}=\{u\in Q\mid u\in(xy)^+x,xy\in Q,x,y\neq 1,|y|\geqslant k\},$$

$$QB^{\leqslant k}=\{u\in Q\mid u\in(xy)^+x,xy\in Q,x,y\neq 1,|xy|\leqslant k\},$$

$$QB_{=k}^{>k}=\{u\in Q\mid u\in(xy)^+x,xy\in Q,x,y\neq 1,|xy|>k,|y|=k\},$$

$$QB_{\neq k}^{>k}=\{u\in Q\mid u\in(xy)^+x,xy\in Q,x,y\neq 1,|xy|>k,|y|\neq k\},$$

$$QBU_{\neq k}^{>k}=\{u\in Q\mid u\in(xy)^+x,xy\in U,x\in U,|xy|>k,|y|\neq k\},$$

$$\overline{QBU}_{\neq k}^{>k}=\{u\in Q\mid u\in(xy)^+x,xy\in Q\setminus U\text{ 或 }x\in Q\setminus U,|xy|>k,|y|\neq k\},$$

$$QB^{>k}=QB_{=k}^{>k}\cup QB_{\neq k}^{>k}.$$

不难看出，上述语言有以下关系：

$$QB_{\neq k}^{>k}=QBU_{\neq k}^{>k}\cup\overline{QBU}_{\neq k}^{>k}.$$

引理 5.2.1[13] $NR^{>1}\subseteq X_1$.

证明：假设 $u\in NR^{>1}$ 但 $u\notin X_1$. 令 $u=g^i,g\in Q$ 且 $|g|>1,i>1$. 令 $u=u_s a u_p$，u_s 和 u_p 分别是 u 的一个后缀和前缀，$a\in A$. 方程 $g^i=u_s a u_p$ 表明，a 在且仅在一个 g 里．因 g^2 与 g 不能以一种非平凡的方式重叠，所以 u_s 或者 u_p 是 g 的方幂．故仅考虑 $u_s=g^j,j\geqslant 1$. 另一种情形类似．那么 $au_p=g^{i-j}$. 因 u_p 是 g^i 的一个前缀，所以 g 是 a 的方幂，这与 g 是本原字矛盾．

□

引理 5.2.2[13] $Q_B^{>1}\subseteq X_1$.

证明：假设 $u\in Q_B^{>1}$ 但 $u\notin X_1$. 于是，

$$u=u_s a u_p,u=u_p b u_s,$$

u_s 和 u_p 分别是 u 的一个后缀和前缀，$a,b\in A$. 一个字的 Parikh 向量[98]包含了在字母表 A 中每个字母的出现次数．由于 u_p 和 u_s 合在一起包含了在 $u_s a u_p$ 和 $u_p b u_s$ 中每个字母的相同出现次数，于是 $a=b$. 因此，$u=u_p a u_s$. 那么存在 $\alpha,\beta\in A^*$，使得

$$u_s a=(\alpha\beta)^i,u_p=\alpha(\beta\alpha)^j,$$

其中 $i\geqslant 1,j\geqslant 0,\beta\alpha\in Q$. 因此

$$ua=u_p a u_s a=u_p a(\alpha\beta)^i=\alpha(\beta\alpha)^{i+j}a,$$

从而 ua 的长度为 $|\alpha\beta|+1$ 的后缀是 $b\alpha\beta=\beta\alpha a$. 基于这个后缀的 Parikh 向量，有 $b=a$，即

$$a\alpha\beta=\beta\alpha a.$$

注意到 $|\beta|\geqslant 2$ 因为 $u\in Q_B^{>1}$，于是 a 是 β 的一个真后缀．因此，$\beta\alpha$ 与 $(\beta\alpha)^2$ 以非平凡的方式重叠，这与其本原性矛盾．

□

引理 5.2.3[13] $(Q_B^{=1}\cup\{a^i\mid a\in A,i\geqslant 1\})\cap X_1=\emptyset$.

证明:容易知道,$a\notin X_1$. 令 $w\in Q_B^{=1}$. 由定义,存在 $\alpha\in A^+,b\in A$,使得

$$\alpha b\in Q,w=(\alpha b)^k\alpha,k\geqslant 1.$$

那么 w 是 wbw 的一个真内缀,于是 $w\notin X_1$.

□

注意到

$$A^+=\underbrace{NR_{>1}\cup\{aa^+\mid a\in A\}}_{\text{非本原字}}\cup\underbrace{A\cup U^{>1}\cup Q_B^{=1}\cup Q_B^{>1}}_{\text{本原字}},$$

$U^{>1}$ 是长度大于 1 的所有无边字构成的集．于是,由引理 5.2.1、引理 5.2.2 和引理 5.2.3 可以得到 X_1 的一个描述．

定理 5.2.1[13] $X_1=(U\backslash A)\cup Q_B^{>1}\cup NR^{>1}$.

下面讨论 $X_k(k\geqslant 2)$ 的结构．

命题 5.2.2 关于任意 $k\geqslant 2$,$(NR^{\leqslant k}\cup A^{\leqslant k}\cup QB^{\leqslant k}\cup QB_{=k}^{>k})\cap X_k=\emptyset$.

证明:令 $u=f^i,f\in Q,|f|\leqslant k,i\geqslant 2$,则存在 $w'\in A^*$ 使得 $w=fw'$ 且 $|w|=k$. 观察到

$$f^iwf^i=f^ifw'f^i=ff^i(w'f^i)\in uA^ku\cap A^+uA^+,$$

于是,$u\notin X_k$,即 $NR^{\leqslant k}\cap X_k=\emptyset$.

(1)由 X_k 的定义立得．

(2)令 $v=(x_1y_1)^ix_1,x_1y_1\in Q,x_1,y_1\neq 1,|x_1y_1|\leqslant k,i\geqslant 1$. 则存在 $z\in A^*$ 使得 $y_1x_1z\in A^k$. 观察到

$$(x_1y_1)^ix_1y_1x_1z(x_1y_1)^ix_1=(x_1y_1)(x_1y_1)^ix_1z(x_1y_1)^ix_1\in vA^kv\cap A^+vA^+,$$

于是,$v\notin X_k$,即,$QB^{\leqslant k}\cap X_k=\emptyset$.

(3)令 $s=(x_2y_2)^ix_2$,其中 $x_2y_2\in Q,x_2,y_2\neq 1,|x_2y_2|>k,|y_2|=k,i\geqslant 1$. 易见

$$(x_2y_2)^ix_2y_2(x_2y_2)^ix_2=(x_2y_2)(x_2y_2)^ix_2(y_2x_2)^i\in sA^ks\cap A^+sA^+,$$

于是 $s \notin X_k$，即，$QB_{=k}^{>k} \cap X_k = \emptyset$.

□

命题 5.2.3 关于任意 $k \geqslant 2$，$A^{>k} \cap U \subseteq X_k$.

证明：假设 $A^{>k} \cap U \nsubseteq X_k$，则存在 $u \in A^{>k} \cap U$ 使得 $u \notin X_k$. 从而，存在 $w \in A^k$，$x, y \in A^*$，使得 $uwu = xuy$，于是，u 有以下三种情况：

(1) $u = u_s w_p$.

(2) $u = w_s u_p$.

(3) $u = u_s w u_p$.

其中 $u_s \in S_{nt}(u)$，$u_p \in P_{nt}(u)$，$w_s \in S_{nt}(w) \cup \{w\}$，$w_p \in P_{nt}(w) \cup \{w\}$，上述三种情况都会导致 $u \notin U$，这与已知矛盾.

□

命题 5.2.4 关于任意 $k \geqslant 2$，$NR^{>k} \subseteq X_k$.

证明：假设 $NR^{>k} \nsubseteq X_k$，则存在 $u \in NR^{>k}$ 使得 $u \notin X_k$，从而存在 $w \in A^k$，$x, y \in A^*$，使得 $uwu = xuy$. 令

$$u = \boldsymbol{g}^i, \boldsymbol{g} \in Q, |\boldsymbol{g}| > k, i > 1.$$

则 u 有以下三种可能：

(1) $u = \boldsymbol{g}^i = u_s w_p$.

(2) $u = \boldsymbol{g}^i = w_s u_p$.

(3) $u = \boldsymbol{g}^i = u_s w u_p$.

其中 $u_s \in S_{nt}(u)$，$u_p \in P_{nt}(u)$，$w_s \in S_{nt}(w) \cup \{w\}$，$w_p \in P_{nt}(w) \cup \{w\}$.

关于(1)，$u = \boldsymbol{g}^i = u_s w_p$，$i > 1$. 因 $|\boldsymbol{g}| > k$，所以存在 $\boldsymbol{g}_1 \in A^+$ 使得 $\boldsymbol{g} = \boldsymbol{g}_1 w_p$，于是，

$$u_s = \boldsymbol{g}^{i-1} \boldsymbol{g}_1 = \boldsymbol{g}^{i-2} \boldsymbol{g}_1 w_p \boldsymbol{g}_1.$$

因此，$w_p \boldsymbol{g}_1$ 是 u_s 的一个后缀，也是 u 的一个后缀. 这说明 $w_p \boldsymbol{g}_1$ 和 $\boldsymbol{g}$ 都是 u 的后缀，且

$$|w_p \boldsymbol{g}_1| = |\boldsymbol{g}| = |\boldsymbol{g}_1 w_p|,$$

因此，$w_p g_1 = g_1 w_p$. 再根据推论 1.4.2，有

$$g_1 = f^s, w_p = f^t, f \in Q, s, t \geq 1.$$

故 $g = g_1 w_p = f^{s+t} \notin Q$，与假设矛盾.

关于(2)，证明与(1)类似.

关于(3)，$u = g^i = u_s w u_p, i > 1$.

情形 1 如果 w 是 g 的一个内缀，那么

$$u_s = g^j g_2, u_p = g_3 g^{i-j-1}, g = g_2 w g_3, g_2, g_3 \in A^*, g_2 g_3 \neq 1, 1 \leq j \leq i-1.$$

不失一般性，假定 $j < i-1$，具体如图 5-1 所示.

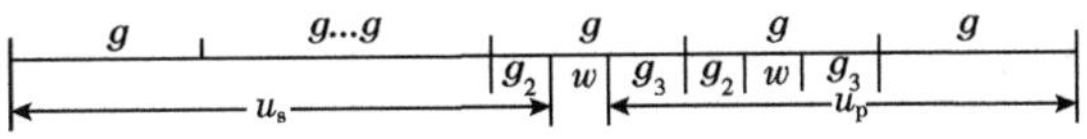

图 5-1 $j < i-1$

由图 5-1 可知，$u_p = g_3 g_2 w g_3 g^{i-j-2}$. 那么，$g_3 g_2 w$ 是 u_p 的一个前缀，当然也是 u 的一个前缀，这表明 $g_3 g_2 w$ 和 g 都是 u 的前缀. 而 $|g_3 g_2 w| = |g| = |g_2 w g_3|$，因此，$g_3 g_2 w = g_2 w g_3$. 根据推论 1.4.2，有

$$g_3, g_2 w \in f^+, f \in Q.$$

因此，$g \notin Q$，矛盾.

情形 2 如果 w 不是 g 的内缀，那么存在 $w' \in S_{nt}(w)$，$g_4 \in A^+$，使得 $g = w' g_4$，具体如图 5-2 所示.

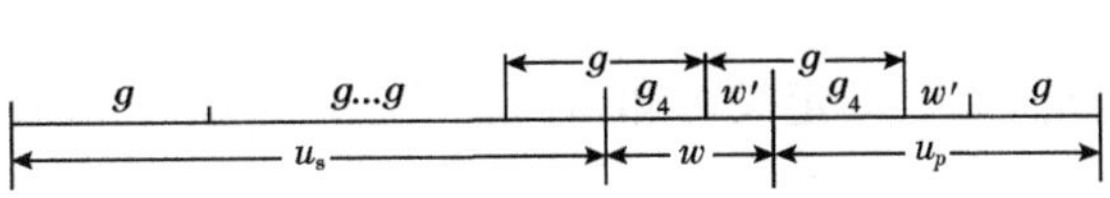

图 5-2 $g = w' g_4$

观察到g_4w'是 u_p 的一个前缀，因此也是 u 的一个前缀．于是，g_4w'和 g 都是 u 的前缀．而 $|g_4w'|=|g|=|w'g_4|$，因此，$g_4w'=w'g_4=g$. 根据推论 1.4.2，有

$$g_4, w' \in h^+, h \in Q,$$

故 $g \notin Q$，矛盾．

□

命题 5.2.5　关于任意 $k \geqslant 2$，$QBU_{\neq k}^{>k} \subseteq X_k$.

证明：假设 $QBU_{\neq k}^{>k} \not\subseteq X_k$，则存在 $u \in QBU_{\neq k}^{>k}$，使得 $u \notin X_k$. 于是，存在 $w \in A^k$，$x, y \in A^*$，使得 $uwu = xuy$. 则 u 有以下三种情况：

(1) $u = xu_s = u_s w_p$.

(2) $u = w_s u_p = u_p y$.

(3) $u = u_s w u_p = u_p y = x u_s$.

其中 $u_s \in P_{nt}(u)$，$u_p \in S_{nt}(u)$，$w_s \in S_{nt}(w) \cup \{w\}$，$w_p \in P_{nt}(w) \cup \{w\}$.

关于(1)，根据命题 1.3.3，有

$$x = (x_1 y_1)^i, u_s = (x_1 y_1)^j x_1, w_p = (y_1 x_1)^i,$$

其中 $x_1 y_1 \in Q$，$|x_1 y_1| > k$，$x_1, y_1 \neq 1$，$i \geqslant 1$，$j \geqslant 0$. 那么 $|w_p| = |(y_1 x_1)^i| > k$，这与 $w_p \in P_{nt}(w) \cup \{w\}$ 矛盾．

关于(2)，由命题 1.3.3 可知，

$$w_s = (x_2 y_2)^m, u_p = (x_2 y_2)^n x_2, y = (y_2 x_2)^m,$$

其中 $x_2 y_2 \in Q$，$|x_2 y_2| > k$，$x_2, y_2 \neq 1$，$m \geqslant 1$，$n \geqslant 0$. 因此，$|w_s| = |(x_2 y_2)^m| > k$，这与 $w_s \in S_{nt}(w) \cup \{w\}$ 矛盾．

关于(3)，由 u_p 和 u_s 的定义可知，存在 $w' \in A^k$ 使得 $u = u_s w u_p = u_p w' u_s$. 再由命题 1.3.3 得

$$u_s w = (x_3 y_3)^p, u_p = (x_3 y_3)^q x_3, w' u_s = (y_3 x_3)^p,$$

其中 $x_3 y_3 \in Q$，$x_3, y_3 \neq 1$，$p \geqslant 1$，$q \geqslant 0$. 因为 $x_3 y_3 \in Q$，根据命题 1.3.1，所以

$y_3x_3 \in Q$.

(3-1) 当 $p=1$ 时，有

$$u_s w = x_3 y_3, u_p = (x_3 y_3)^q x_3, w' u_s = y_3 x_3.$$

根据 y_3 的长度有以下两种情形：

(3-1-1) 若 $|y_3|>k$，则存在 $s_1, s_2 \in A^+$，使得

$$u_s = x_3 s_1, y_3 = s_1 w, u_s = s_2 x_3, y_3 = w' s_2.$$

于是，$s_2 x_3 = x_3 s_1$，再由命题 1.3.3 可知，

$$s_2 = (\alpha_1 \beta_1)^{p_1}, x_3 = (\alpha_1 \beta_1)^{q_1} \alpha_1, s_1 = (\beta_1 \alpha_1)^{p_1},$$

其中 $\alpha_1 \beta_1 \in Q, p_1 \geqslant 1, q_1 \geqslant 0$. 因此，

$$x_3 y_3 = (\alpha_1 \beta_1)^{p_1+q_1} \alpha_1 w = (\alpha_1 \beta_1)^{q_1} \alpha_1 w' (\alpha_1 \beta_1)^{p_1}.$$

那么 $\alpha_1 \beta_1$ 既是 $x_3 y_3$ 的真前缀也是 $x_3 y_3$ 的真后缀，于是，$x_3 y_3 \notin U$，矛盾．

(3-1-2) 若 $|y_3|<k$，则 u_s 既是 x_3 的真前缀也是 x_3 的真后缀，那么 $x_3 \notin U$，矛盾．

(3-2) 当 $p \geqslant 2$ 时：

(3-2-1) 若 $|y_3|>k$，则存在 $z_1 \in A^+$ 使得 $u_s = (x_3 y_3)^{p-1} x_3 z_1, y_3 = z_1 w$. 因 $w x_3 z_1$ 是 u_s 的一个后缀，那么也是 u 的一个后缀．另外，

$$u = u_s w u_p = (x_3 y_3)^{p+q} x_3, p+q \geqslant 1,$$

于是，$z_1 w x_3$ 也是 u 一个后缀．而 $|z_1 w x_3| = |w x_3 z_1| = |y_3 x_3|$，因此，$z_1 (w x_3) = (w x_3) z_1$. 根据推论 1.4.2，有 $z_1, w x_3 \in f^+, f \in Q$. 故 $z_1 w x_3 = y_3 x_3 \notin Q$，矛盾．

(3-2-2) 若 $|y_3|<k$，又因 $|x_3 y_3|>k$，则存在 $z_2 \in A^+$ 使得

$$x_3 y_3 = z_2 w, u_s = (x_3 y_3)^{p-1} z_2.$$

那么存在 $z_3 \in P_{nt}(w)$ 使得 $x_3 = z_2 z_3$，因此，$u_s = (z_2 z_3 y_3)^{p-1} z_2$. 于是，$z_3 y_3 z_2$ 是 u 的一个后缀，当然也是 u 的一个后缀．另外，

$$u = u_s w u_p = (x_3 y_3)^{p+q} z_2 z_3, p+q \geqslant 1,$$

于是，$y_3z_2z_3$ 也是 u 的一个后缀．而 $|z_3y_3z_2|=|y_3z_2z_3|=|y_3x_3|$，因此，$z_3(y_3z_2)=(y_3z_2)z_3$．再由推论 1.4.2 可知，$z_3, y_3z_2\in g^+, g\in Q$．故 $y_3z_2z_3=y_3x_3\notin Q$，矛盾．

□

命题 5.2.6 关于任意 $k\geqslant 2$，$\overline{QBU}^{>k}_{\neq k}\not\subseteq X_k$．

证明：令 $A=\{a,b\}$，$u=(ab^{k-2}ab^{k-2}ab)ab^{k-2}ab^{k-2}a$，$k\geqslant 2$．则

$$\begin{aligned}&[(ab^{k-2}ab^{k-2}ab)ab^{k-2}ab^{k-2}a]bab^{k-2}[(ab^{k-2}ab^{k-2}ab)ab^{k-2}ab^{k-2}a]\\&=(ab^{k-2}ab^{k-2}ab)[(ab^{k-2}ab^{k-2}ab)ab^{k-2}ab^{k-2}a]b^{k-2}abab^{k-2}ab^{k-2}a\\&\in uA^ku\cap A^+uA^+.\end{aligned}$$

也就是说，存在 $u\in\overline{QBU}^{>k}_{\neq k}$ 但 $u\notin X_k$．因此，$\overline{QBU}^{>k}_{\neq k}\not\subseteq X_k$．

□

易知，A^* 有如下分解：

$$\begin{aligned}A^*&=A^{>k}\bigcup A^{\leqslant k}\\&=\left[\left(NR^{>k}\bigcup NR^{\leqslant k}\bigcup U\bigcup QB^{\leqslant k}\bigcup QB^{>k}_{=k}\bigcup QB^{>k}_{\neq k}\right)\bigcap A^{>k}\right]\bigcup A^{\leqslant k}\\&=\left[\left(\underbrace{NR^{>k}\bigcup NR^{\leqslant k}}_{\text{非本原字}}\bigcup U\bigcup \underbrace{QB^{\leqslant k}\bigcup QB^{>k}_{=k}\bigcup QBU^{>k}_{\neq k}\bigcup \overline{QBU}^{>k}_{\neq k}}_{\text{有边本原字}}\right)\right.\\&\quad\left.\bigcap A^{>k}\right]\bigcup A^{\leqslant k}.\end{aligned}$$

于是，根据命题 5.2.2、命题 5.2.3、命题 5.2.4、命题 5.2.5、命题 5.2.6，可得 A^* 的一个分划：

$\{A^{\leqslant k}, NR^{>k}\cap A^{>k}, NR^{\leqslant k}\cap A^{>k}, QB^{\leqslant k}\cap A^{>k}, QB^{>k}_{=k}\cap A^{>k}, QBU^{>k}_{\neq k}\cap A^{>k}, \overline{QBU}^{>k}_{\neq k}\cap A^{>k}\}$，

其中，语言

$$U\cap A^{>k}, NR^{>k}\cap A^{>k} \text{ 和 } QBU^{>k}_{\neq k}\cap A^{>k}$$

都是 1-(k,m)-逗点码，$k\geqslant 2$，$m\geqslant 1$；语言

$$A^{\leqslant k}, NR^{\leqslant k}\cap A^{>k}, QB^{\leqslant k}\cap A^{>k} \text{ 和 } QB^{>k}_{=k}\cap A^{>k}$$

都不是 $1-(k,m)-$逗点码,$k\geqslant 2,m\geqslant 1$;语言

$$\overline{QBU_{\neq k}^{>k}}\cap A^{>k}$$

可能不是 $1-(k,m)-$逗点码.

注 5.2.1 我们得到了 $\overline{QBU_{\neq k}^{>k}}\cap A^{>k}$,但很遗憾一直未能找到方法对 $\overline{QBU_{\neq k}^{>k}}$ 进行进一步细分,未能给出 $X_k(k\geqslant 2)$ 一个全面描述,或许"细分"这条路走不通,这个问题有待我们继续研究.

5.3 1-1-逗点关联码性质的确定性问题

正则语言与自动机一直是理论计算机科学的重要分支. 在早期(大约 20 世纪 50 年代)的研究中,M. O. Rabin 和 D. Scott 提出了一个算法来测试给定自动机所识别的语言是空的还是无限的. 另外,人们对与本原字相关的形式语言(尤其是码类)的兴趣也与日俱增. 后来,M. Ito、M. Katsura 和喻石生等研究了接受本原字的有限自动机的判定问题. 继而,龙冬阳给出了 M. Ito 等提出的接受非本原字的有限自动机的方根$\sqrt{T(\mathcal{A})}$的上界值问题的部分解答. S. C. Hsu 等探讨了接受无边字的有限自动机的判定问题. 在上一节给出的 X_1 的全面描述基础上,本节讨论接受 X_1 中的字的自动机,以及 1-1-逗点关联码性质的确定性问题.

引理 5.3.1 令$\mathcal{A}=(Q,A,\delta,i,T)$为一有限自动机,$|Q|=n\geqslant 2$. 则

$$T(\mathcal{A})\cap NR^{>1}\neq\emptyset$$

当且仅当存在 $y\in T(\mathcal{A})\cap NR^{>1}$ 且

$$|y|\leqslant(n-1)(n+2)^{n-1}-n+1.$$

证明:充分性是显然的.

下证必要性. 假定 $T(\mathcal{A})\cap NR^{>1}\neq\emptyset$. 取 $y\in T(\mathcal{A})\cap NR^{>1}$,使得

$$|y| = \min\{ |x| \mid x \in T(A) \cap NR^{>1} \}.$$

假设 $|y| > (n-1)(n+2)^{n-1} - n + 1$. 令 $y = f^i, f \in Q, i > 1$. 则有以下两种情况:

情形 1　如果 $i \geqslant n$,则存在两个正整数 p, q 且 $1 \leqslant p < q \leqslant i$,使得 $\delta(i, f^p) = \delta(i, f^q)$,于是,

$$\delta(i, f^{p+i-q}) = \delta(i, f^{q+i-q}) = \delta(i, f^i).$$

因此,$f^{q+i-p} \in T(A)$. 显然,$f^{q+i-p} \in NR^{>1}$,即

$$f^{q+i-p} \in T(\mathcal{A}) \cap NR^{>1}.$$

而 $q+i-p<i$,于是,$|f^{q+i-p}| < |y|$,这与 y 的选择矛盾.

情形 2　如果 $i<n$,因为 $|y| \geqslant n(n+2)^n + (n+1)^n$,所以 $|f| \geqslant (n+2)^i$. 则 f 有一种分解

$$f = f_1 f_2 f_3, \ |f_1 f_3| > 1, \ |f_2| \geqslant 1,$$

使得

$$\delta(i, f^j f_1) = \delta(i, f^j f_1 f_2), j = 0, 1, \cdots, i-1.$$

令 $\bar{f} = f_1 f_3$. 则通过计算可得,$\delta(i, \bar{f}^i) = \delta(i, f^i)$,于是,$\bar{f}^i \in T(A)$,即

$$\bar{f}^i \in T(\mathcal{A}) \cap NR^{>1}.$$

显然,$|\bar{f}| < |f|$,这又与 y 的选择矛盾.

□

引理 5.3.2　令 $\mathcal{A} = (Q, A, \delta, i, T)$ 为一有限自动机,$|Q| = n \geqslant 2$. 则 $T(A) \cap Q_B^{>1} \neq \emptyset$ 当且仅当存在 $y \in T(\mathcal{A}) \cap Q_B^{>1}$ 且

$$|y| \leqslant n^{n+2} + n^{n+1} + n(n+2)^n - 2n.$$

证明:充分性是显然的.

下证必要性. 假定 $T(\mathcal{A}) \cap Q_B^{>1} \neq \emptyset$. 取 $y \in T(A) \cap Q_B^{>1}$ 使得

$$|y| = \min\{ |x| \mid x \in T(\mathcal{A}) \cap Q_B^{>1} \}.$$

假设 $|y| > n^{n+2} + n^{n+1} + n(n+2)^n - 2n$. 令 $y = (\alpha\beta)^i \alpha, \alpha\beta \in Q, i \geqslant 1, |\beta| > 1$.

情形 1　如果 $i \leqslant n$,因为 $|y| > n^{n+2} + n^{n+1} + n(n+2)^n - 2n$,所以 $|\alpha| \geqslant n^{i+1}$ 或

$|\beta| \geqslant (n+2)^i$.

当 $|\alpha| \geqslant n^{i+1}$ 时,α 有一种分解 $\alpha=\alpha_1\alpha_2\alpha_3$, $|\alpha_2| \geqslant 1$,且

$$\delta(i,(\alpha\beta)^j\alpha_1)=\delta(i,(\alpha\beta)^j\alpha_1\alpha_2), j=0,1,\cdots,i.$$

令 $\overline{\alpha}=\alpha_1\alpha_3$. 由计算得,

$$\delta(i,(\overline{\alpha}\beta)^i\overline{\alpha})=\delta(i,(\alpha\beta)^i\alpha),$$

即$(\overline{\alpha}\beta)^i\overline{\alpha} \in T(A)$. 易知,$(\overline{\alpha}\beta)^i\overline{\alpha} \in Q_B^{>1}$ 且 $|(\overline{\alpha}\beta)^i\overline{\alpha}|<|y|$,这与 y 的选择矛盾.

当 $|\beta| \geqslant (n+2)^i$ 时,β 有一种分解

$$\beta=\beta_1\beta_2\beta_3, |\beta_2|>1, |\beta_1\beta_2|>1,$$

使得关于 $j=1,2,\cdots,i-1$,有

$$\delta(i,\alpha\beta_1)=\delta(i,\alpha\beta_1\beta_2), \delta(i,(\alpha\beta)^j\beta_1)=\delta(i,(\alpha\beta)^j\beta_1\beta_2).$$

令 $\beta_1\beta_3=\overline{\beta}$. 不难验证,$\delta(i,(\alpha\overline{\beta})^i\alpha)=\delta(i,(\alpha\beta)^i\alpha)$,于是,$(\alpha\overline{\beta})^i\alpha \in T(A)$. 易知,$(\alpha\overline{\beta})^i\alpha \in Q_B^{>1}$ 且

$$|(\alpha\overline{\beta})^i\alpha|<|y|,$$

这同样与 y 的选择矛盾.

情形 2　如果 $i>n$,那么存在正整数 $s,t,1 \leqslant s<t \leqslant i$,使得

$$\delta(i,(\alpha\beta)^s)=\delta(i,(\alpha\beta)^t),$$

于是有

$$\delta(i,(\alpha\beta)^s(\alpha\beta)^{i-t}\alpha)=\delta(i,(\alpha\beta)^t(\alpha\beta)^{i-t}\alpha).$$

因此,$\delta(i,(\alpha\beta)^i\alpha)=\delta(i,(\alpha\beta)^{i-t+s}\alpha)$,即$(\alpha\beta)^{i-t+s}\alpha \in T(A)$. 显然,

$$(\alpha\beta)^{i-t+s}\alpha \in Q_B^{>1},$$

因此,$(\alpha\beta)^{i-t+s}\alpha \in T(A) \cap Q_B^{>1}$,但 $|(\alpha\beta)^{i-t+s}\alpha|<|y|$,这还是与 y 的选择矛盾.

□

引理 5.3.3　令$\mathcal{A}=(Q,A,\delta,i,T)$为一有限自动机,$|Q|=n \geqslant 2$. 则

$$T(\mathcal{A}) \cap (U \backslash A) \neq \emptyset$$

当且仅当存在 $y \in T(\mathcal{A}) \cap (U \backslash A)$且 $|y|<4n$.

证明:充分性是显然的.

下证必要性. 假定 $T(\mathcal{A})\cap(U\backslash A)\neq\emptyset$. 取 $y\in T(\mathcal{A})\cap(U\backslash A)$ 使得

$$|y|=\min\{|x| \mid x\in T(\mathcal{A})\cap(U\backslash A)\}.$$

假设 $|y|\geqslant 4n$. 则 y 有分解:

$$y=uvwx,\ |u|=|x|=n,n=|v|\leqslant|w|\leqslant n+1.$$

因为 $|v|=n$,而 $|Q|=n$,所以 v 存在一个分解 $v=v_1v_2v_3,v_1,v_3\in A^*,v_2\in A^+$,且 $\delta(i,uv_1)=\delta(i,uv_1v_2)$,于是,

$$\delta(i,uv_1v_3wx)=\delta(i,uv_1v_2v_3wx)=\delta(i,y)\in T(\mathcal{A}),$$

根据 y 的选取,有 $uv_1v_3wx(=y')\notin U\backslash A$,显然,$y'\notin A$,那么 y' 是有边字. 由引理 1.3.4 知,存在 $z\in A^+,s\in A^*$,使得 $y'=zsz$. 因为 $|v_1v_3|<|v|\leqslant|w|$,所以 $|z|<|wx|$. 若 $|z|\leqslant|x|=|u|$,则 $z\leqslant_d y$,这与 $y\in U\cap A$ 矛盾. 因此, $|u|=|x|<|z|<|wx|$. 于是,存在 $v',w'\in A^+$,使得 $z=uv'=w'x,w'<_s w$. 同理,y 也会有另一种分解

$$y=u\bar{v}\,\bar{w}\,x,\ |u|=|x|\geqslant n,n\leqslant|v|\leqslant|w|\leqslant n+1.$$

类似于上面的分解的讨论,存在一个字 $\bar{y}$,且

$$\bar{y}=w\bar{v}\,\bar{w}_1\,\bar{w}_3x=\bar{z}\,t\bar{z}\in T(\mathcal{A})\backslash(U\cap A),$$

使得 $|u|<|\bar{z}|<|u\bar{v}|$. 因此,有 $\bar{z}=u\overline{v'}=\overline{w'}x,\overline{v'}<_p\bar{v}$. 接下来讨论 $|z|$ 和 $|\bar{z}|$ 的大小关系,有以下三种情况:

情形 1　$|z|=|\bar{z}|$.

因为 $z=uv',\bar{z}=u\overline{v'}$,所以 $|v'|=|\overline{v'}|$. 由 $w'<_s w$ 知, $|w'|\leqslant n$,而 $z=uv'=w'x$,于是,$v'<_s x$. 同理, $|\overline{v'}|\leqslant n$,那么由 $\bar{z}=u\overline{v'}=\overline{w'}x$ 得,$\overline{v'}<_s x$. 从而,$v'=\overline{v'}$. 于是,$z=\bar{z}$. 因此,$z=\bar{z}<_p u\bar{v}<_p y$ 且 $\bar{z}=z<_s wx<_s y$,即 $z<_d y$,这与 $y\in U\backslash A$ 矛盾.

情形 2　$|z|>|\bar{z}|$,具体如图 5-3 所示.

因为 $z=uv',\bar{z}=u\overline{v'}$,所以 $|v'|>|\overline{v'}|$. 注意到 $|v'|=|w'|\leqslant n\leqslant|x|$, $|\overline{v'}|=|\overline{w'}|\leqslant n\leqslant|x|$,而 $z=uv'=w'x$ 且 $\bar{z}=u\overline{v'}=\overline{w'}x$,于是,$v',\overline{v'}<_s x$,那么存在 $r\in A^+$ 使

得 $v'=r\overline{v'}$.

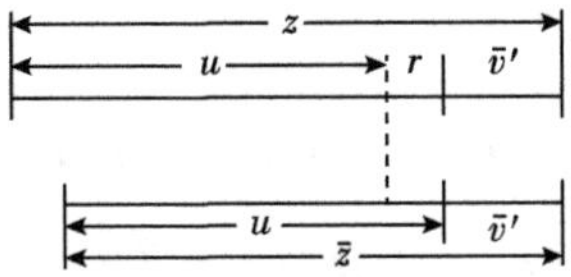

图 5-3　$|z|>|\overline{z}|$

因为 uv' 和 $u\overline{v'}$ 有共同的后缀 x,所以存在 $\overline{u}$ 使得 $ur=\overline{u}u$. 又因 $|r|<|x|$,则

$$u=r_2r^i, i\geqslant 1, r_1r_2=r.$$

所以,

$$z=uv'=ur\overline{v'}=r_2r^ir\overline{v'}=(r_2r_1)(r_2r^i)\overline{v'}=(r_2r_1)\overline{z},$$

即 $\overline{z}<_s z$. 而 $\overline{z}<_p u\overline{v}<_p y$ 且 $z<_s wx<_s y$. 于是,$\overline{z}<_s y$ 且 $\overline{z}<_p y$,即 $\overline{z}<_d y$,这与 $y\in U\setminus A$ 矛盾.

情形 3　$|z|<|\overline{z}|$,具体如图 5-4 所示.

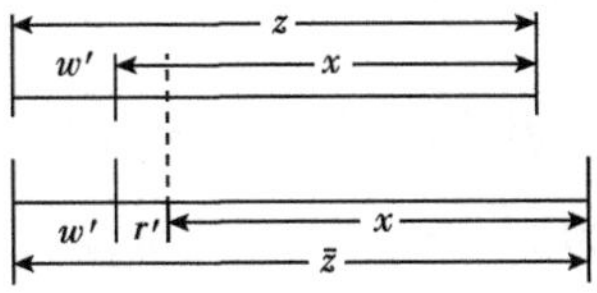

图 5-4　$|z|<|\overline{z}|$

因为 $z=w'x, \overline{z}=\overline{w'}x$,所以 $|\overline{w'}|>|w'|$. 注意到 $|w'|=|v'|\leqslant n\leqslant |x|$, $|\overline{w'}|=|\overline{v'}|\leqslant n\leqslant |x|$,而

$$z=uv'=w'x$$

且 $\overline{z}=u\overline{v'}=\overline{w'}x$. 于是,$w',\overline{w'}<_p u$,那么存在 $\overline{r}\in A^+$ 使得 $\overline{w'}=w'r'$.

因为 u 作为 z 和 $\bar{z}$ 共同的前缀,则存在 $\bar{x}$ 使得 $x\bar{x}=hx$. 又因 $|r|<|u|$,则

$$x=r'^j\overline{r_1},j\geqslant 1,r'_1r'_2=r',$$

因此,

$$\bar{z}=w'r'x=w'r'r'^jr'_1=w'r'^jr'_1(r'_2r'_1)=w'x(r'_2r'_1)=z(r'_2r'_1),$$

即 $z<_p\bar{z}$. 而 $\bar{z}<_pu\bar{v}<_py$ 且 $z<_swx<_sy$. 于是,$z<_sy$ 且 $z<_py$,即 $z<_dy$,还是与 $y\in U\backslash A$ 矛盾.

□

由引理 5.2.1、引理 5.3.1、引理 5.3.2、引理 5.3.3 可得如下结论:

定理 5.3.1 令 $\mathcal{A}=(Q,A,\delta,i,T)$ 为一有限自动机且 $|Q|=n\geqslant 2$,则 $T(\mathcal{A})\cap X_1\neq\varnothing$ 当且仅当存在 $y\in T(A)\cap X_1$ 且

$$|y|\leqslant n^{n+2}+n^{n+1}+n(n+2)^n-2n.$$

引理 5.3.4 令 $\mathcal{A}=(Q,A,\delta,i,T)$ 为一有限自动机,$|Q|=n\geqslant 2$,则 $T(\mathcal{A})\cap Q_B^{=1}\neq\varnothing$ 当且仅当存在 $y\in T(\mathcal{A})\cap Q_B^{=1}$ 且 $|y|\leqslant n^{n+2}+n^{n+1}$.

证明:充分性是显然的.

下证必要性. 假定 $T(\mathcal{A})\cap Q_B^{=1}\neq\varnothing$,取 $y\in T(\mathcal{A})\cap Q_B^{=1}$ 使得

$$|y|=\min\{|x|\mid x\in T(\mathcal{A})\cap Q_B^{=1}\}.$$

假设 $|y|>n^{n+2}+n^{n+1}$. 令 $y=(\alpha\beta)^i\alpha,\alpha\beta\in Q,i\geqslant 1,|\beta|=1$.

情形 1 如果 $i\leqslant n$,因为 $|y|>n^{n+2}+n^{n+1}$,所以 $|\alpha|\geqslant n^{i+1}$.

当 $|\alpha|\geqslant n^{i+1}$ 时,α 有一种分解 $\alpha=\alpha_1\alpha_2\alpha_3$,$|\alpha_2|\geqslant 1$,且

$$\delta(i,(\alpha\beta)^j\alpha_1)=\delta(i,(\alpha\beta)^j\alpha_1\alpha_2),j=0,1,\cdots,i.$$

令 $\bar{\alpha}=\alpha_1\alpha_3$. 由计算得,$\delta(i,(\bar{\alpha}\beta)^i\bar{\alpha})=\delta(i,(\alpha\beta)^i\alpha)$,即$(\bar{\alpha}\beta)^i\bar{\alpha}\in T(A)$. 易知,$(\bar{\alpha}\beta)^i\bar{\alpha}\in Q_B^{=1}$ 且 $|(\bar{\alpha}\beta)^i\bar{\alpha}|<|y|$,这与 y 的选择矛盾.

情形 2 如果 $i>n$,那么存在正整数 $s,t,1\leqslant s<t\leqslant i$,使得

$$\delta(i,(\alpha\beta)^s)=\delta(i,(\alpha\beta)^t),$$

于是,有

$$\delta(i,(\alpha\beta)^s(\alpha\beta)^{i-t}\alpha)=\delta(i,(\alpha\beta)^t(\alpha\beta)^{i-t}\alpha).$$

因此,$\delta(i,(\alpha\beta)^i\alpha)=\delta(i,(\alpha\beta)^{i-t+s}\alpha)$,即$(\alpha\beta)^{i-t+s}\alpha\in T(A)$. 显然,$(\alpha\beta)^{i-t+s}\alpha\in Q_B^{=1}$. 因此,

$$(\alpha\beta)^{i-t+s}\alpha\in T(A)\cap Q_B^{=1},$$

但$|(\alpha\beta)^{i-t+s}\alpha|<|y|$,这还是与 y 的选择矛盾.

□

引理 5.3.5　令$\mathcal{A}=(Q,A,\delta,i_0,T)$为一有限自动机,$|Q|=n\geqslant 2$. 则

$$T(\mathcal{A})\cap\{a^i\mid a\in A,i\geqslant 1\}\neq\emptyset$$

当且仅当存在 $a\in A,k<\max\{n,|A|\}$,使得 $a^k\in T(\mathcal{A})$.

证明:充分性是显然的.

下证必要性. 因为$\mathcal{A}$是有限的,不妨假定 $T(\mathcal{A})\cap\{a^i\mid a\in A,i\geqslant 2\}\neq\emptyset$. 取

$$y\in T(A)\cap\{a^i\mid a\in A,i\geqslant 2\},$$

使得

$$|y|=\min\{|x|\mid x\in(T(A)\cap\{a^i\mid a\in A,i\geqslant 2\})\}.$$

如果 $y=a^i,a\in A,i\geqslant\max\{n,|A|\}$,那么 $i\geqslant n$. 因为$|Q|=n$,所以存在正整数 j, k, l,且 $j\geqslant 1$,使得

$$a^i=a^ja^ka^l,\delta(i_0,a^ja^ka^l)=\delta(i_0,a^j(a^k)^*a^l).$$

于是,$a^{j+l}\in T(\mathrm{A})$,但 $j+l<i$,这与 y 的选择矛盾.

□

根据引理 5.2.3、引理 5.3.4,可解决 1-1-逗点关联码性质的确定性问题.

定理 5.3.2　令 L 为一正则语言,可以判定 L 是不是一个 1-(1,1)-逗点码.

证明:根据引理 5.2.1、引理 5.2.3 和引理 5.3.5,只需检测 L 中长度小于

$$\max\{n^{n+2}+n^{n+1},|A|\}$$

的字中是否有 $Q_B^{=1}\cup\{a^i\mid a\in A,i\geqslant 1\}$ 中的字即可,于是,结论成立.

□

特别地，对于余可达自动机，有如下结论：

命题 5.3.1 令$\mathcal{A}=\{Q,A,\delta,i,T\}$为一余可达自动机且$|A|\geqslant 2$, $|Q|=n$, $k\geqslant 0$. 则：

(1) $|T(\mathcal{A})\cap X_k|=\infty$.

(2)存在 $y\in T(\mathcal{A})\cap X_k$ 且 $2n+k+1\leqslant|y|\leqslant n+k+2$.

证明：取 $a,b\in A$ 且 $a\neq b$. 因为$\mathcal{A}$是余可达的，所以

$$(\forall i\geqslant 1)(\exists x_i\in A^*)\,|x_i\leqslant k|\,\&\delta(i,a^ib^{k+1}ax_i)\in T(A).$$

当 $i\neq j$ 时，$a^ib^{k+1}ax_i\neq a^jb^{k+1}ax_j$；当 $i\geqslant n$ 时，易知 $a^ib^kax_i\in X_k$. 因此，

$$\{a^ib^{k+1}ax_i\mid i\geqslant n\}\subseteq T(\mathcal{A})\cap X_k,$$

故 $a^ib^{k+1}ax_1\in T(\mathcal{A})\cap X_k$ 且 $n+k+2\leqslant|a^{2k+1}bx_1|\leqslant 2n+k+1$.

参考文献

[1] A. H. Ball, L. J. Cummings, the comma-free codes with words of length two [J]. Bulletin of the Australian Mathematical Sociefy, 1976 (4): 245-258.

[2] J. Brzozowski. Open problems about regular languages [M] //Formal language theory: Perspectives and open problems. London: Academic Press, 1980.

[3] J. Berstel, D. Perrin, C. Reutenauer, codes and automata [M]. Cambridge: Cambridge University Press, 2010.

[4] V. Bruyére. An answer to a question about finite maximal prefix sets of words [J]. Theoretical Computer Science, 1988 (56): 339-344.

[5] V. Bruyére, L M. Wang, L. Zhang, on completion of codes with finite deciphering delay [J]. European Journal of Combinatorics, 1990 (11): 513-521.

[6] V. Bruyére. Maximal codes with bounded deciphering delay [J]. Theoretical Computer Science, 1991 (84): 53-76.

[7] V. Bruyére, M. Latteux. Variable-length maximal codes [J]. Automafa, Languages and Programming, 1996 (1099): 24-47.

[8] H. Cao, H. Y. Liu, D. Yang. Characterizations of k-comma codes and k-comma intercodes [J]. Acta Informatica, 2016 (53): 23-33.

[9] H. Cao, H. Y. Liu, D. Yang. Some properties of d-codes [J]. International Journal of Computer Mathematics: Computer Systems Theory, 2021 (6): 167-177.

[10] Y. B. Cha, H. J. Shyr. Some algebra properties of prefix codes [J]. Nanta Math, 1973, 6 (2): 60-64.

[11] L. Churchill, Restrictions and generalizations on comma-free codes [J]. The Electronic Journal of Combinatorics, 2009, 16 (1): 1-16.

[12] H. C. Crick, J. S. Griffith, L. E. Orgel. Codes without commas [J]. Authors Info & Affiliations, 1957 (43) : 416-421.

[13] Cui, L. Kari , S. Seki. K-Comma codes and their generalizations [J]. Fundamenta Informatica, 2011 (107): 1-18.

[14] P. H. Day , H. J. Shyr. Languages defined by some partial orders [J]. Soochow Journal of Mathematics, 1983 (9): 53-62.

[15] De Luca, A. Restivo. On some properties of very pure codes [J]. Theoretical Computer Science, 1980 (10): 157-170.

[16] Ehrenfeucht , G. Rozenberg. Each regular code is included in a maximal regular code [J]. RAIRO-Theoretical Informatics and Applications, 1985 (20): 89-96.

[17] S. Eilenberg, Automata. languages and machines [M]. New York: Academic Press, 1976.

[18] M. Fan , H. J. Shyr. Some properties of maximal comma-free codes [J]. Tamkang Journal of Mathematics, 1989, 29 (2): 121-135.

[19] M. Fan, C. C. Huang. Properties of pure codes [J]. International Journal of Computer Mathematics, 2008 (85): 9-17.

[20] M. Fan, H. J. Shyr , S. S. Yu. D-Words and d-languages [J]. Acta

Informatica, 1998 (35): 709-727.

[21] De Felice. Construction of a family of finite maximal codes [J]. Theoretical Computer Science, 1989 (63): 157-184.

[22] De Felice. A partial result about the factorization conjecture for finite variable-length codes [J]. Discrete Math, 1993 (122): 137-152.

[23] De Felice, S. Mantaci, A. Restivo. On the decomposition of prefix codes [J]. Theoretical Computer Science, 2017 (664): 117-130.

[24] De Felice. An application of Hajós factorizations to variable-length codes [J]. Theoretical Computer Science, 1996 (164): 223-252.

[25] H. Fernau, K. Reinhardt, L. Staiger. Decidability of code properties [M] // G. Rozenberg, W. Thomas. Singapore: World Scientific, 2000.

[26] N. J. Fine, H. S. Wilf. Uniqueness theorem for periodic functions [J]. Proceeding of American Math Society, 1965 (16): 109-114.

[27] N. Gilbert, E. F. Moore. Variable length binary encodings [J]. The Bell System Technical Journal, 1959 (38): 933-67.

[28] S. W. Golomb, B. Gordon, L. R. Welch. Comma-free codes [J]. Canadian Journal of Mathematics, 1958 (10): 202-209.

[29] S. W. Golomb, L. R. Welch, M. Delbruck. Construction and properties of comma-free codes [EB/OL]. https://www.semanticscholar.org/paper/CONSTRUCTION-AND-PROPERTIES-OF-COMMA-FREE-CODES-Welch/10879ecf613ae5a92aeab1902f4f506d3b28b58f.

[30] Y. Guesnet. Maximal circular codes versus maximal codes [J]. RAIRO-Theoretical Informatics and Applications, 2001, 35 (4): 351-365.

[31] Y. Q. Guo, H. J. Shyr, G. Thierrin. E-convex infix codes [J]. Order, 1986 (3): 55-59.

[32] Y. Q. Guo, G. Thierrin , H. S. Zhang. Semaphore codes and ideals [J]. Journal of Information and Optimization Sciences, 1988, 9 (1) : 73-83.

[33] Y. Q. Guo, C. M. Reis , G. Thierrin. Relatively f-disjunctive languages [J]. Semigroup Forum, 1988 (37): 289-299.

[34] Y. Q. Guo, C. M. Reis , G. Thierrin. Fd-domains and rf-disjunctive languages [J]. Chinese Science Bulletin, 1989, 34 (5): 356-360.

[35] Y. Q. Guo, Y. Liu , S. F. Wang. Topics on combinatorial semigroups [EB/OL]. https: //link. springer. com/book/10. 1007/978-981-99-9171-6.

[36] Y. S. Han, K. Salomaa, D. Wood. Intercode regular languages [J]. Fundamenta Informaticae, 2007 (76): 113-128.

[37] M. A. Harrison, Introduction to formal language theory [M]. Massachusetts: Wesley, 1978.

[38] Y. Hesieh, S. C. Hsu, H. J. Shyr. Some algebraic properties of comma-free codes [J]. RIMS Kokyuroku, 1989 (697): 57-66.

[39] R. Hill. A first course in coding theory [M]. New York: Oxford University Press, 1986.

[40] J. E. Hopcroft , J. D. Ullman. Formal languages and their relation to automata [M]. Massachusetts: Wesley, 1976.

[41] J. E. Hopcroft, R. Motwani, J. D. Ullman. Introduction to automata theory [M]. Massachusetts: Wesley, 2001.

[42] J. M. Howie. Fundamentals of semigroup theory [M]. New York: Oxford University Press, 1995.

[43] J. M. Howie. Automata and languages [M]. New York: Clarendon Press, 1991.

[44] H. K. Hsiao, Y. T. Yeh, S. S. Yu. Language and POL schemes [J]. In-

ternational Jounal of Computer Mathematics, 2005 (82): 1199-1213.

[45] S. C. Hsu, H. J. Shyr. Some properties of overlapping order and related languages [J]. Soochow Journal of Mathematics, 1989 (15): 29-45.

[46] Huang. A note on pure code [J]. Acta Informatica, 2010 (47): 347-357.

[47] M. Ito, M. Katsura, H. J. Shyr, et al. Automata accepting primitive words [J]. Semigroup Forum, 1988 (37): 45-52.

[48] M. Ito, H. Jürgensen, H. J. Shyr, et al. Anticommutative languages and n-codes [J]. Discrete Applied Mathematics, 1989 (24): 187-196.

[49] M. Ito, H. Jürgensen, H. J. Shyr, et al. N-prefix-suffixlanguages [J]. International Journal of Computer Mathematics, 1989 (30): 37-56.

[50] M. Ito, H. Jürgensen, H. J. Shyr , et al. Outfix and infix codes and related classes of languages [J]. Journal of Computer and System Sciences, 1991 (43): 484-508.

[51] M. Ito, H. Jürgensen, H. J. Shyr, et al. Languages whoes n-element subsets are codes [J]. Theoretical Computer Science, 1992 (96): 325-344.

[52] M. Ito, G. Thierrin. Congruences, infix and cohesive prefix codes [J]. Theoretical Computer Science, 1994 (136): 471-485.

[53] S. W. Jiang, H. J. Shyr, S. S. Yu. Completely disjunctive languages [EB/OL] https://www.semanticscholar.org/paper/COMPLETELY - DISJUNCTIVE-LANGUAGES-Yu-Jiang/c6b49454ce895f9e61449ab1871c7f59867ad44c.

[54] H. Jiggs. Recent results in comma-free codes [J]. Canada Journal of Mathematics, 1963 (15): 178-187.

[55] N. Jonoska, L. Kari, K. Mahalingam. Involution solid and join code [J]. Fundamenta Informaticae, 2008 (86): 127-142.

[56] H. Jürgensen , S. S. Yu. Relations on free monoids, their independent sets, and codes [J]. International Journal of Computer Mathematics, 1991 (40): 17-46.

[57] H. Jürgensen, S. S. Yu. Solid codes [J]. Journal of Information Processing and Cybernetics, 1990, 26 (10); 563-574.

[58] H. Jürgensen, K. Salomaa, S. Yu. Decidability of the intercode property [J]. Journal of Information Processing and Cybernetics, 1993 (29): 375-380.

[59] H. Jürgensen, K. Salomaa, S. Yu. Transducers and the decidability of independence in free monoids [J]. Theoretical Computer Science, 1994 (134): 107-117.

[60] H. Jürgensen, S. Konstantinidis. Codes [J]. Handbook of Formal languages, 1997 (1): 511-607.

[61] H. Jürgensen, M. Katsura. Maixmalsolidcode [EB/OL]. https: //jalc.de/issues/2001/issue_ 6_ 1/jalc-2001-025-050. php.

[62] G. Lallement. Semigroups and combinatorial applications [M]. New York: Wiley Interscience, 1979.

[63] N. H. Lam. On codes having no finite completion [J]. RAIRO- Theoretical Informatics and Applications, 1995, 29 (2) : 145-155.

[64] N. H. Lam. A property of finite maximal codes [J]. Acta Mathematica Vietnamica, 1996, 21 (2) : 279-288.

[65] N. H. Lam. Hajós factorizations and completion of codes [J]. Theoretical Computer Science, 1997 (182): 235-256.

[66] N. H. Lam. Finite maximal infix codes [J]. Semigroup Forum, 2000 (61): 346-356.

[67] N. H. Lam. Finite maximal solid codes [J]. Theoretical Computer Sci-

ence, 2001, (262): 333-347.

[68] N. H. Lam. Completing solid codes to maximal comma-free codes [J]. Vietnam Journal of Mathematics, 2003, 31 (1): 57-69.

[69] N. H. Lam. Completing comma-free codes [J]. Theoretical Computer Science, 2004, 301 (1) : 399-415.

[70] J. Leng, Y. Q. Guo , K. P. Shum. On f-disjunctive Languages, f-disjunctive domains and solid codes [J]. Algebra Colloquium, 2020, 27 (2): 331-342.

[71] V. I. Levenshtein. Decoding automata, invariant with respect to the initial state [J]. Problemy Kibernet, 1964 (12): 125-136.

[72] V. I. Levenshtein. Maximal number of words in codes without overlaps [J]. Problemy Peredachi Informatsii, 1970 (6): 88-90.

[73] Lewin. Genes IX [M]. Massachusetts: Jones and Bartlett Publishers, 2007.

[74] Z. Z. Li. Automata accepting bifix codes [J]. Journal of Automata, Languages and Combinatorics, 2008 (13): 269-267.

[75] H. Y. Liu, C. H. Cao, D. Yang, et al. Homomorphism preserving some generalizations of comma-free codes [J]. Computer Communication & Collaboration, 2014, 2 (4): 1-17.

[76] H. Y. Liu, K. P. Shum, Y. Q. Guo. Some results on (k, m) -comma codes [J]. Bulletin of the Iranian Mathematical Society, 2020, 46 (4): 1143-1162.

[77] H. Y. Liu, Y. Q. Guo , K. P. Shum. Some combinatorial properties of solid codes [J]. Indian Journal De Mathematiques Pures Et Appliquees, 2021 (52): 932-944.

[78] H. Y. Liu, K. P. Shum , J. Leng. On (k, m) -comma codes [J]. Southeast Asian Bulletin of Mathematics, 2021 (45): 833-848.

[79] 刘云, 关于若干语言及其句法半群的研究 [D]. 广州: 中山大学, 2006.

[80] Y. Liu, Y. Q. Guo, Y. S. Tsai. Solid codes and the uniform density of fd-domains [J]. Science China Technological Sciences, 2007, 50 (7): 1026-1034.

[81] Y. Liu. Compositions of maximal codes [J]. Theoretical Computer Science, 2010 (411): 228-238.

[82] Z. H. Liu, Y. Q. Guo, J. Leng. The applications of solid codes to r-R and r-D Languages [J]. Soft Computing, 2019 (23): 10709-10716.

[83] J. A. Llewellyn. The construction of variable-length comma-free codes [J]. The Computer Journal, 1985, 28 (4) 279-290.

[84] Y. Long. K-Outfix codes [J]. Chinese Annals of Mathematics, 1989 (10): 94-99.

[85] Y. Long. K-prefix codes and k-infix codes [J]. Acta Mathematica Scientia, 1990 (33): 414-421.

[86] Y. Long. K-Bifix codes [J]. Annali DI Matematica Pura ED Applicata, 1994 (15): 33-55.

[87] 龙冬阳, 接受非本原字自动机的方根$\sqrt{T(A)}$的上界值问题 [J]. 中山大学学报论丛, 1996, 16 (6): 187-190.

[88] Y. Long, W. J. Jia, J. Ma, et al. K-p-Infix codes and semaphore codes [J]. Discrete Applied Mathematics, 2001 (109): 237-252.

[89] Y. Long, W. J. Jia, L. Zhang. Product of finite maximal p-codes [J]. International Journal of Computer Mathematics, 2002, 79 (8) : 889-899.

[90] M. Lothaire. Combinatorics on words [M]. Cambridge: Cambridge University Press, 1983.

[91] M. Lothaire. Algebraic combinatorics on words [M]. Cambridge: Cambridge University Press, 2002.

[92] R. C. Lyndon, M. P. Schützenberger. The equation $a^M = b^N c^P$ in a free group [J]. Michigan Mathematical Journal, 1962 (9): 289-298.

[93] J. Michela, G. Pirillob, M. A. Pirillo. Varieties of comma-free codes [J]. Computers & Mathematics with Applications, 2008, 55 (5) : 989-996.

[94] T. Moriya. Composition of strongly infix codes [J]. IEICE Transactions on Information and Systems, 1998 (6) : 609-611.

[95] T. Moriya. Closure property of some codes under composition [J]. Rims Kokyuroku, 1999 (1106): 142-148.

[96] J. Néraud, C. Selmi. Free monoid theory: Maximality and completeness in arbitrary submonoids [J]. International Journal of Algebra and Computation, 2003, 13 (5): 507-516.

[97] R. J. Parikh. On context-free languages [J]. Journal of the Association for Computing Machinery, 1966 (13): 570-581.

[98] Perrin, M. P. Schützenberger. Un Problème élémentaire de la théorie de l' Information [J]. Colloques internationaux du CNRS, 1977 (276): 249-260.

[99] Perrin, M. P. Schützenberger. A conjecture on sets of differences of integer pairs [J]. Journal of Combinatorial Theory, 1981 (30): 91-93.

[100] Perrin. Completing biprefix codes [J]. Lecture Notes in Computer Science, 1982 (140): 397-406.

[101] M. Petrich , C. M. Reis. The syntactic monoid of the semigroup generated by a comma-free code [J]. Proceedings of the Royal Society of Edinburgh Sec-

tion A: Mathematic, 1995 (125): 165-179.

[102] M. O. Rabin, D. Scott. Finite aotomata and their decision problems [J]. IBM Journal of Research and Development, 1959, 3 (2): 115-125.

[103] M. Reis. Infix congruences on a free monoid [J]. Transactions of the American Mathematical Society, 1989, 311 (2): 727-737.

[104] M. Reis. F-Disjunctive congruences and a generalization of monoids with length [J]. Semigroup Forum, 1990 (41): 291-306.

[105] M. Reis. Intercodes and the semogroups they generate [J]. International Journal of Computer Mathematics, 1993 (51): 7-13.

[106] Restivo. On a question of mcnaughton and papert [J]. Information and Control, 1974 (25): 93-101.

[107] Restivo. On codes having no finite completions [J]. Discrete Math, 1977 (17): 309-316.

[108] Restivo, S. Salemi, T. Portelli. Completing codes [J]. RAIRO-Theoretical Informatics and Applications, 1989, 23 (2): 135-147.

[109] Restivo. Codes and local constraints [J]. Theoretical Computer Science, 1990 (72): 55-64.

[110] Reutenauer. Non commutative factorization of variable length codes, Journal of Pure and Applied Algebra, 1985 (36): 157-186.

[111] O. T. Romanov. Invariant decoding automata without look-ahead [J]. Problemy Kibernetiki, 1966 (17): 233-236.

[112] G. Rozenberg, A. Salomaa. Handbook of formal languages [EB/OL]. https://link.springer.com/book/10.1007/978-3-642-59126-6.

[113] Salomaa. Jewels of formal languages theory [M]. Rockville: Computer Science Press, 1981.

[114] M. P. Schützenberger. Une théorie algébrique du codage [J]. Séminaire Dubreil-Pisot, 1955 (15): 55-56.

[115] M. P. Schützenberger. On an application of semigroup methods to some prablems in coding [J]. IEEE Transactions on Information Theory, 1956, 2 (3): 47-60.

[116] E. Shannon. A mathematical theory of communication [J]. Bell System Technical Journal, 1948 (27): 379-423.

[117] E. Shannon. A mathematical theory of communication [J]. ACM SIGMOBILE Mobile Computing and Communications Review, 2001, 5 (1) : 3-55.

[118] P. Shor. A counter example to the triangle conjecture [J]. Journal of Combinatorial Theory, 1983 (38): 110-112.

[119] H. J. Shyr. Codes and factor theorems for subsets of a free monoid [J]. Utilitas Math, 1973, 1 (3) : 153-159.

[120] H. J. Shyr, G. Thierrin. Disjunctive languages and codes [EB/OL]. https: //link. springer. com/chapter/10. 1007/3-540-08442-8_ 83#citeas.

[121] H. J. Shyr, S. S. Yu. Intercodes and related properties [J]. Soochow Journal of Mathematics, 1990, 16 (1): 95-107.

[122] H. J. Shyr, S. S. Yu. Solid codes and disjunctive domains [J]. Semigroup Forum, 1990 (41): 23-37.

[123] H. J. Shyr. Free monoids and languages [M]. Taichung: Hon Min Book Company, 2001.

[124] L. Stryer. Biochemistry [M]. San Fransisco: Freeman, 1975.

[125] Tang, S. W. Golomb, R. L. Graham. A new result on comma-free codes of even word - length [J]. Canadian Journal of Mathematics, 1987, 39 (3): 513-526.

[126] J. H. van Lind. Introduction to the coding theory [EB/OL]. https: // link. springer. com/book/10. 1007/978-3-642-58575-3.

[127] J. Watson. Genes, cirls and gamow: After the gouble helix [M]. Oxford: Oxford University Press, 2001.

[128] M. Yčas. The biological code [M]. Amsterdam: North-Holland, 1969.

[129] S. S. Yu. D-Minimal languages [J]. Discrete Applied Mathematics, 1989 (89): 243-262.

[130] S. S. Yu. A characterization of intercodes [J]. International Journal of Computer Mathematics, 1990 (36): 39-45.

[131] L. Zhang, Y. Q. Guo, L. M. Wang. On conjecture about a code commutatively equivalent to a prefix code [J]. Science China Technological Sciences, 1987, 30 (10): 1009-1015.

[132] Zhang, Y. Q. Guo, K. P. Shum. On some decompositions of r-disjunctive languages [J]. Bulletin of the Malaysian Mathematical Sciences Society, 2014 (37): 727-746.

[133] D. Zhang, Y. Q. Guo, K. P. Shum. Some results in r-disjunctive languages and related topics [J]. Soft. Computing, 2017 (21): 2477-2483.

[134] L. Zhang, Z. Shen. Completion of recognizable bifix codes [J]. Theoretical Computer Science, 1995 (145): 345-355.